Berichte zur Lebensmittelsicherheit 2006

Bundesweiter Überwachungsplan 2006

Gemeinsamer Bericht des Bundes und der Länder

Nationale Berichterstattung an die EU

Bericht über Rückstände von Pflanzenschutzmitteln

Inhaltsverzeichnis

1. Bundesweiter Überwachungsplan 2006

1.1 Rechtliche Grundlagen 7
1.2 Organisation und Verlauf 7
1.3 Programm 2006 7
1.4 Literatur 7
1.5 Untersuchung von Lebensmitteln auf Stoffe 7
    1.5.1 Untersuchung verschiedener Lebensmittel auf Dioxine und PCB 7
        1.5.1.1 Einleitung 7
        1.5.1.2 Ergebnisse 8
        1.5.1.3 Literatur 9
    1.5.2 Deoxynivalenol (DON) – Überwachung neu eingeführter Höchstmengen für bestimmte Mykotoxine 9
        1.5.2.1 Ausgangssituation 9
        1.5.2.2 Ziel 9
        1.5.2.3 Ergebnisse 10
        1.5.2.4 Literatur 11
    1.5.3 Zearalenon (ZEA) – Überwachung neu eingeführter Höchstwerte für bestimmte Mykotoxine 11
        1.5.3.1 Ausgangssituation 11
        1.5.3.2 Ziel 12
        1.5.3.3 Ergebnisse 12
        1.5.3.4 Literatur 17
    1.5.4 Fumonisine B_1 und B_2 – Überwachung neu eingeführter Höchstmengen für bestimmte Mykotoxine 17
        1.5.4.1 Ausgangssituation 17
        1.5.4.2 Ziel 17
        1.5.4.3 Ergebnisse 17
        1.5.4.4 Literatur 17
    1.5.5 Kohlenmonoxidbehandlung von Lachs und Thunfisch 18
        1.5.5.1 Ausgangssituation 18
        1.5.5.2 Ziel 18
        1.5.5.3 Ergebnisse 18
        1.5.5.4 Literatur 18
    1.5.6 SO_2-Gehalt in Lebensmitteln, bei denen SO_2 als Konservierungsstoff zugelassen ist (einschließlich Wein) 18
        1.5.6.1 Ausgangssituation 18
        1.5.6.2 Ziel 19
        1.5.6.3 Ergebnisse 19
        1.5.6.4 Literatur 19
    1.5.7 Risikoanalyse: Morphin und Codein in Mohnsamen zu Back- und Speisezwecken 19
        1.5.7.1 Ausgangssituation 19
        1.5.7.2 Ziel 20
        1.5.7.3 Ergebnisse 20
    1.5.8 Untersuchung von Mineral-, Quell-, Tafel- und abgepacktem Trinkwasser auf Uran 21
        1.5.8.1 Ausgangssituation 21
        1.5.8.2 Ziel 21
        1.5.8.3 Ergebnisse 21
        1.5.8.4 Literatur 22
    1.5.9 Anorganisches Arsen in Algen und Algenerzeugnissen 22
        1.5.9.1 Ausgangssituation 22
        1.5.9.2 Ziel 22
        1.5.9.3 Ergebnisse 22
        1.5.9.4 Literatur 23
    1.5.10 Furan in Lebensmitteln 23
        1.5.10.1 Ausgangssituation 23
        1.5.10.2 Ziel 23

1.5.10.3 Ergebnisse... 23

1.5.10.4 Literatur... 24

1.5.11 Nitrat in gereiftem Käse.. 24

1.5.11.1 Ausgangssituation 24

1.5.11.2 Ziel.. 24

1.5.11.3 Ergebnisse.. 24

1.5.12 Nachweis von den potentiell allergenen Stoffen Gluten, Milcheiweiß
(Casein und β-Lactoglobulin) und Soja in Wurstwaren 25

1.5.12.1 Ausgangssituation 25

1.5.12.2 Ziel.. 25

1.5.12.3 Ergebnisse.. 25

1.5.12.4 Literatur... 26

1.5.13 Untersuchung von Obsterzeugnissen, Gemüse- und Pilzerzeugnissen auf Zusatzstoffe
(Konservierungsstoffe, Süßstoffe und/oder Farbstoffe) unter besonderer Berücksichtigung
von Produkten aus osteuropäischen Ländern.. 26

1.5.13.1 Ausgangssituation 26

1.5.13.2 Ziel.. 26

1.5.13.3 Ergebnisse.. 26

1.5.13.4 Literatur... 27

1.5.14 Bestimmung von Ethylcarbamat (EC) in Steinobstbränden (auch Erzeugnisse aus anderen
EU-Mitgliedstaaten).. 27

1.5.14.1 Ausgangssituation 27

1.5.14.2 Ziel.. 28

1.5.14.3 Ergebnisse.. 28

1.5.14.4 Literatur... 29

1.5.15 Erhöhter Wassergehalt in Kochschinken (Formschinken und gewachsener Schinken)/
unzulässiger Zusatz von Fremdeiweiß 29

1.5.15.1 Ausgangssituation 29

1.5.15.2 Ziel.. 30

1.5.15.3 Ergebnisse.. 30

1.5.15.4 Literatur... 30

1.6 Untersuchung von Lebensmitteln auf Mikroorganismen.. 30

1.6.1 Mikrobieller Status von Früchte- und Kräutertee.. 30

1.6.1.1 Ausgangssituation 30

1.6.1.2 Ziel.. 31

1.6.1.3 Ergebnisse.. 31

1.6.1.4 Literatur... 31

1.6.2 Sensorik und mikrobieller Status von vakuumverpacktem oder unter Schutzatmosphäre verpacktem
Fisch (mit Schwerpunkt auf Lachs) bei erreichen des Mindesthaltbarkeitsdatums (MHD)......... 31

1.6.2.1 Ausgangssituation 31

1.6.2.2 Ziel.. 31

1.6.2.3 Ergebnisse.. 32

1.6.3 Mikrobieller Status von Teigwaren aus Kleinbetrieben 33

1.6.3.1 Ausgangssituation 33

1.6.3.2 Ziel.. 34

1.6.3.3 Ergebnisse.. 34

1.6.3.4 Literatur... 34

1.6.4 Mikrobieller Status von Sahne in Aufschlagautomaten 34

1.6.4.1 Ausgangssituation 34

1.6.4.2 Ziel.. 35

1.6.4.3 Ergebnisse.. 35

1.6.4.4 Literatur 37

1.6.5 Verotoxin bildende *Escherichia coli* in streichfähigen Rohwürsten 37

1.6.5.1 Ausgangssituation 37

1.6.5.2 Ziel.. 37

1.6.5.3 Ergebnisse.. 37

1.6.5.4 Literatur 38

1.6.6 Untersuchung von Tofu auf Koloniezahl, Salmonellen, coag. pos. Staphylokokken, praesumpt.
Bacillus cereus, Enterobacteriaceae 38

		1.6.6.1	Ausgangssituation	38
		1.6.6.2	Ziel	38
		1.6.6.3	Ergebnisse	39
		1.6.6.4	Literatur	39
	1.6.7	Überprüfung der Qualität und mikrobiellen Beschaffenheit von abgepacktem Mozzarella in Kleinverbraucherpackungen vom Hersteller bzw. aus dem Handel		39
		1.6.7.1	Ausgangssituation	39
		1.6.7.2	Ziel	39
		1.6.7.3	Ergebnisse	39
		1.6.7.4	Literatur	40
	1.6.8	*Campylobacter jejuni/coli* in Schweinefleischzubereitungen und Hackfleisch für den Rohverzehr		41
		1.6.8.1	Ausgangssituation	41
		1.6.8.2	Ziel	41
		1.6.8.3	Ergebnisse	41
		1.6.8.4	Literatur	41
	1.6.9	Untersuchung von pulverförmiger Säuglingsnahrung auf *Enterobacter sakazakii*		41
		1.6.9.1	Ausgangssituation	41
		1.6.9.2	Ziel	41
		1.6.9.3	Ergebnisse	41
		1.6.9.4	Literatur	42
1.7	Untersuchung von Bedarfsgegenständen			42
	1.7.1	Antimikrobiell wirksame Substanzen in Textilien		42
		1.7.1.1	Ausgangssituation	42
		1.7.1.2	Ziel	42
		1.7.1.3	Ergebnisse	43
	1.7.2	Allergene Duftstoffe in Bedarfsgegenständen zur Reinigung und Pflege		44
		1.7.2.1	Ausgangssituation	44
		1.7.2.2	Ziel	45
		1.7.2.3	Ergebnisse	45
	1.7.3	Jodpropinylbutylcarbamat (JPBC) in kosmetischen Mitteln		45
		1.7.3.1	Ausgangssituation	45
		1.7.3.2	Ziel	46
		1.7.3.3	Ergebnisse	46
	1.7.4	Antimikrobiell wirksame Substanzen (AWS) in Leder		46
		1.7.4.1	Ausgangssituation	46
		1.7.4.2	Ziel	48
		1.7.4.3	Ergebnisse	48
		1.7.4.4	Literatur	48
	1.7.5	Phthalate und ESBO in Twist-off-Deckeln		48
		1.7.5.1	Ausgangssituation	48
		1.7.5.2	Ziel	48
		1.7.5.3	Ergebnisse	49
		1.7.5.4	Literatur	49
	1.7.6	Primäre aromatische Amine (PAA) in Küchenutensilien aus Polyamid		49
		1.7.6.1	Ausgangssituation	49
		1.7.6.2	Ziel	49
		1.7.6.3	Ergebnisse	49
	1.7.7	Abgabe von Blei und Cadmium aus Keramikgefäßen		51
		1.7.7.1	Ausgangssituation	51
		1.7.7.2	Ziel	51
		1.7.7.3	Ergebnisse	52
		1.7.7.4	Literatur	53
	1.7.8	Formaldehyd in Holzpuzzle und Steckspielen für Kinder		53
		1.7.8.1	Ausgangssituation	53
		1.7.8.2	Ziel	53
		1.7.8.3	Ergebnisse	54
		1.7.8.4	Literatur	54
1.8	Betriebskontrollen			55

	1.8.1	Rückverfolgbarkeit von Lebensmitteln	55
		1.8.1.1 Ausgangssituation	55
		1.8.1.2 Ziel	55
		1.8.1.3 Ergebnisse	55
		1.8.1.4 Literatur	56
	1.8.2	GVO-Kennzeichnung und Nachweis in Lebensmitteln (Betriebsprüfung, Probenahme und Untersuchung)	56
		1.8.2.1 Ausgangssituation	56
		1.8.2.2 Ziel	56
		1.8.2.3 Ergebnisse	56
		1.8.2.4 Literatur	57
	1.8.3	Einhaltung der vorgeschriebenen Temperaturen bei tiefgefrorenen Lebensmitteln während des Versands und im Einzelhandel	57
		1.8.3.1 Ausgangssituation	57
		1.8.3.2 Ziel	57
		1.8.3.3 Ergebnisse	57
		1.8.3.4 Literatur	58
	1.8.4	Allergenkennzeichnung	58
		1.8.4.1 Ausgangssituation	58
		1.8.4.2 Ziel	58
		1.8.4.3 Ergebnisse	58
		1.8.4.4 Literatur	58
2.	**Nationale Berichterstattung an die EU**		**59**
2.1	Bericht über die amtliche Lebensmittelüberwachung in Deutschland		59
	2.1.1	Rechtsgrundlage	59
	2.1.2	Ergebnisse zu den im Labor untersuchten Proben	59
	2.1.3	Anzahl und Art der festgestellten Verstöße vor Ort	59
	2.1.4	Trendanalyse der Daten zur amtlichen Lebensmittelüberwachung	62
2.2	Bericht über die Ergebnisse der Lebensmittel-Kontrollen gemäß Bestrahlungsverordnung		63
	2.2.1	Rechtliche Grundlagen	63
	2.2.2	Ergebnisse	63
2.3	Bericht über die Kontrolle von Lebensmitteln aus Drittländern nach dem Unfall im Kraftwerk Tschernobyl		63
2.4	Bericht über die Kontrolle von Lebensmitteln auf verbotenen Farbstoff (Sudanrot und andere)		65
	2.4.1	Anlass der Kontrolle und Rechtsgrundlage	65
	2.4.2	Ergebnisse	66
2.5	Bericht über Aflatoxine in bestimmten Lebensmitteln aus Drittländern		67
	2.5.1	Anlass der Kontrolle und Rechtsgrundlage	67
	2.5.2	Ergebnisse	68
2.6	Bericht über den Ochratoxin A-Gehalt in ausgewählten Lebensmitteln		68
	2.6.1	Anlass der Kontrolle und Rechtsgrundlage	68
	2.6.2	Ergebnisse	68
2.7	Bericht über den Gehalt an Nitrat in Spinat, Salat, Rucola und anderen Salaten		68
	2.7.1	Anlass der Kontrolle und Rechtsgrundlage	68
	2.7.2	Ergebnisse	70
2.8	Bericht über Überprüfung bestimmter Fischereierzeugnisse aus Indonesien		72
	2.8.1	Anlass der Kontrolle und Rechtsgrundlage	72
	2.8.2	Ergebnisse	72
3.	**Bericht über Rückstände von Pflanzenschutzmitteln**		**73**
3.1	Gesetzliche Grundlagen		73
3.2	Datengrundlage		74
3.3	Höchstmengen		74
3.4	Lebensmittelbezogene Betrachtung		75
3.5	Untersuchungsergebnisse von importierten Produkten		77
3.6	Untersuchungsergebnisse mit Bezug auf den jeweiligen Wirkstoff		77
3.7	Auftreten von Mehrfachrückständen		78
3.8	Hinweise auf weitere Informationen		78

1 Bundesweiter Überwachungsplan

1.1
Rechtliche Grundlagen

Die Allgemeine Verwaltungsvorschrift über Grundsätze zur Durchführung der amtlichen Überwachung lebensmittel- und weinrechtlicher Vorschriften (AVV-Rahmen-Überwachung – AVV RÜb) ist zum 30. Dezember 2004 in Kraft getreten (AVV RÜb, 2004). Sie regelt Grundsätze für die Zusammenarbeit der Behörden der Länder untereinander und mit dem Bund und soll zu einem einheitlichen Vollzug der lebensmittel- und weinrechtlichen Vorschriften in der Überwachung beitragen.

Je 1000 Einwohner und Jahr müssen nach § 10 der AVV RÜb bei Lebensmitteln grundsätzlich 5, bei Tabakerzeugnissen, kosmetischen Mitteln und Bedarfsgegenständen grundsätzlich insgesamt 0,5 Proben genommen werden. Ein Teil dieser Gesamtprobenzahl (0,15 bis 0,45 Proben je 1000 Einwohner und Jahr) wird nach § 11 AVV RÜb bundesweit einheitlich im Rahmen des Bundesweiten Überwachungsplans (BÜp) untersucht.

Ähnliche Fragestellungen wie im BÜp werden auch im „Lebensmittel-Monitoring"[1] nach § 50 des LFGB (2006) behandelt. Beide Programme weisen Gemeinsamkeiten, aber auch Unterschiede auf (siehe Tab. 3.1.1 in: Bundesweiter Überwachungsplan 2005, 2007).

1.2
Organisation und Verlauf

Die Länder, das Bundesministerium für Ernährung, Landwirtschaft und Verbraucherschutz (BMELV), das Bundesinstitut für Risikobewertung (BfR) sowie das Bundesamt für Verbraucherschutz und Lebensmittelsicherheit (BVL) haben die Möglichkeit, Vorschläge für BÜp-Programme einzureichen. Welche dieser Programme tatsächlich durchgeführt werden sollen, wird durch den Ausschuss Überwachung abgestimmt.

Da aufgrund regionaler Unterschiede nicht alle Fragestellungen für alle Länder gleich relevant sind, entscheiden diese eigenständig, an welchem BÜp-Programm sie sich mit wie viel Proben beteiligen. Eine Umsetzung der Programme erfolgt nur dann, wenn mindestens zwei Länder eine Beteiligung daran zusagen. Auf der Basis der genannten Programme wird vom BVL der Entwurf AVV Bundesweiter Überwachungsplan – AVV BÜp – erstellt, der vom Bundesrat verabschiedet wird.

1.3
Programm 2006

Insgesamt wurden für das BÜp-Programm 2006 36 Programme ausgewählt, an denen sich die Länder mit 16.792 Proben beteiligen wollten. Es wurden Probenahmen aus den Bereichen Lebensmittel, Bedarfsgegenstände und Betriebskontrollen durchgeführt (Tab. 1-2-1).

1.4
Literatur

AVV RÜb (2004) Allgemeine Verwaltungsvorschrift über Grundsätze der Durchführung der amtlichen Überwachung lebensmittelrechtlicher und weinrechtlicher Vorschriften (AVV Rahmen-Überwachung AVV RÜb) vom 21. Dezember 2004. GMBl Nr. 58, S. 1169.

Bundesweiter Überwachungsplan 2005 (2007) In: Berichte zur Lebensmittelsicherheit 2005, 3. Heft „Bericht über Rückstände von Pflanzenschutzmitteln, Nationale Berichterstattung an die EU, Bundesweiter Ü berwachungsplan", Birkhäuser-Verlag, ISBN-13:978-3-7643-8404-3.

Hogeback, B., Breitweg-Lehmann, E., Fengler, N., Lichtenthäler, R., Schreiber, G. A. und Bögl, K. W. (2006) Koordinierung der Lebensmittelüberwachung in Deutschland. Der Bundesweite Überwachungsplan. Lebensmittelchemie 60:63.

LFGB (2006) Lebensmittel- und Futtermittelgesetzbuch in der Fassung der Bekanntmachung vom 26. April 2006, BGBl 1, S. 945.

1.5
Untersuchung von Lebensmitteln auf Stoffe

1.5.1 *Untersuchung verschiedener Lebensmittel auf Dioxine und PCB*

1.5.1.1 Einleitung

Die Daten zur Untersuchung verschiedener Lebensmittel auf Dioxine und PCB aus dem Bundesweiten Überwachungsplan

---

[1] Siehe „Berichte zur Lebensmittelsicherheit 2006", 1. Heft „Lebensmittelmonitoring", Birkhäuser-Verlag, ISBN-13:978-3-7643-8404-3.

werden durch Daten zu „Surveillance"-Proben ergänzt, die von den amtlichen Lebensmittelüberwachungsbehörden der Länder durch planmäßige Probenahme erhoben worden sind. „Follow-up"-Proben, d.h. Verdachts-, Beschwerde- und Verfolgsproben, wurden nicht in die Auswertung einbezogen. Der vorliegende Bericht ergänzt bezüglich der untersuchten Lebensmittelgruppen den Bericht zu den Ergebnissen des deutschen Beitrags für das Monitoring der Hintergrundbelastung von Lebensmitteln mit Dioxinen und PCB für das Jahr 2006, in dem Daten zu den Lebensmittelgruppen Säuglings- und Kleinkindernahrung und Dorschleber bzw. Dorschleberöl vorgestellt werden (BzL, 2007).

Die vorgestellten Ergebnisse beruhen nicht auf einer repräsentativ durchgeführten Probenahme. Daher sind die Ergebnisse nur bedingt geeignet, die Hintergrundbelastung der untersuchten Lebensmittel mit Dioxinen und dioxinähnlichen PCB darzustellen.

Der Überwachungsplan berücksichtigt die Empfehlung der Kommission 2004/705/EG. Die Lebensmittelgruppen wurden nach der Einteilung im Anhang I der o.g. Empfehlung der Kommission gebildet. Es werden 344 Untersuchungsergebnisse zu Dioxinen und Furanen, im weiteren Text Dioxine genannt, sowie dioxinähnlichen PCB in Lebensmitteln vorgelegt. Von diesen Proben wurden 223 zusätzlich auf nicht-dioxinähnliche PCB (sog. Indikator-PCB) untersucht.

Die Probenahme- und Untersuchungsverfahren entsprachen den Vorgaben der Richtlinie 2002/69/EG.

Aus den übermittelten Messwerten der einzelnen Kongenere wurden die Toxizitätsäquivalente errechnet [Dabei ging bei Messwerten unterhalb der Bestimmungsgrenze die volle Bestimmungsgrenze in die Berechnung ein („upper bound"-Methode).] und mit den zulässigen Höchstgehalten für Dioxine nach der Verordnung (EG) Nr. 1881/2001 und den Auslösewerten gemäß Empfehlung der Kommission 2006/88/EG verglichen. Die Höchstgehalte für einzelne Erzeugnisse sind in *Tab. 1-5-1-1*, die Auslösewerte in *Tab. 1-5-1-2* zusammengestellt. Die statistischen Kennzahlen zu diesen Toxizitätsäquivalenten sind den *Tab. 1-5-1-3*, *1-5-1-4* und *1-5-1-5* zu entnehmen.

Sechs sog. Indikator-PCB wurden gemäß Schadstoff-Höchstmengenverordnung (SHmV) bestimmt.

1.5.1.2 Ergebnisse

Die Auswertung erfolgt mit der Konvention, dass die zum Auswertungszeitpunkt gültige Rechtslage (Verordnung (EG) Nr. 1881/2006) zum numerischen Vergleich und zur Bewertung der Ergebnisse herangezogen wird. Diese Festlegung zielt auf eine Auswertung der Ergebnisse des Bundesweiten Überwachungsplans ab, die vom Verfahren der Auswertung von Beanstandungen unabhängig ist. Zum anderen wird durch den Bezug auf die zum Auswertungszeitpunkt gültige Rechtslage die Arbeitsgrundlage für zukünftige Überarbeitungen der entsprechenden Rechtsetzung, wie z. B. die vorgesehene Revision der Verordnung (EG) Nr. 1881/2006, geschaffen. Die Summe von WHO-PCDD/F-TEQ und WHO-PCB-TEQ wird als Gesamt-Dioxinäquivalent (WHO-PCDD/F-PCB-TEQ) bezeichnet und mit WHO-TEQ abgekürzt.

1.5.1.2.1 Dioxine und dioxinähnliche PCB

Zu den Untersuchungsschwerpunkten gehörten Hühnereier und Milch sowie Fisch und Fischerzeugnisse.

Hühnereier: Insgesamt wurden 127 Hühnereiproben auf Dioxine und dioxinähnliche PCB untersucht, davon 25 Proben aus Bodenhaltung, 32 aus Freilandhaltung, 27 aus Käfighaltung und 43 aus unbekannten Haltungsformen. Für WHO-PCDD/F-TEQ nimmt der Median für Eier aus Freilandhaltung (0,61 pg/g Fett) über Eier aus Bodenhaltung (0,29 pg/g Fett) bis zu Eiern aus Käfighaltung (0,19 pg/g Fett) deutlich ab. Die Mediane in Bezug auf WHO-PCB-TEQ liegen bei 0,18 pg/g Fett für Eier aus Bodenhaltung und 0,21 pg/g Fett für Eier aus Käfighaltung in etwa gleicher Höhe, Eier aus Freilandhaltung weisen einen Gehalt von 0,50 pg/g Fett auf. Die Auslösewerte für dioxinähnliche PCB werden bei Eiern aus Freilandhaltung bei 15.6 % der Proben, bei Eiern aus Bodenhaltung bei 12,0 % der Proben und bei Eiern aus Käfighaltung bei 7,4 % der Proben überschritten. Die Mediane für WHO-TEQ weisen eine Abstufung zwischen Eiern aus Freilandhaltung (1,12 pg/g Fett), Eiern aus Bodenhaltung (0,50 pg/g Fett) und Eiern aus Käfighaltung (0,42 pg/g Fett) auf. Die Daten zu den im Jahr 2006 beprobten Eiern lassen den Schluss zu, dass Eier aus Freilandhaltung im Vergleich zu Eiern aus Bodenhaltung höhere Gehalte an Dioxinen und dioxinähnlichen PCB aufweisen. Eier aus Bodenhaltung wiederum weisen geringfügig höhere Gehalte an Dioxinen und dioxinähnlichen PCB im Vergleich zu Eiern aus Käfighaltung auf. Die Untersuchungsergebnisse aus dem Jahr 2006 bestätigen somit, dass die Haltungsform einen entscheidenden Einfluss auf den Gehalt an Dioxinen und PCB in Eiern haben kann. Dabei ist der Sachverhalt zu berücksichtigen, dass bei Eiern aus Freiland- und Bodenhaltung üblicherweise mehr Proben mit vergleichsweise höheren Dioxin- und PCB-Gehalten als bei Eiern aus Käfighaltung auftreten. Des Weiteren ist zu berücksichtigen, dass bei kleineren Betrieben eher höhere Gehalte gefunden werden. Inwieweit bei den vorliegenden Daten ein entsprechender Zusammenhang mit der Betriebsgröße bei Freiland- und Bodenhaltung vorhanden ist, kann anhand der vorliegenden Daten nicht überprüft werden.

Die Anzahl der Überschreitungen der Höchstgehalte bzw. Auslösewerte und weitere statistische Kennzahlen sind den *Tab. 1-5-1-3*, *1-5-1-4* und *1-5-1-5* zu entnehmen.

Milch: Bei Milch wurden 68 Proben auf Dioxine und dioxinähnliche PCB untersucht. Milch weist sehr geringe Gehalte an Dioxinen und dioxinähnlichen PCB auf. Der Median für WHO-PCDD/F-TEQ liegt bei 0,440 pg/g Fett. Bei Dioxinen kommen keine Höchstgehaltüberschreitungen vor. Für WHO-TEQ wird der Höchstgehalt von einer Probe geringfügig um 10 Prozent überschritten, der Median für WHO-TEQ liegt bei 1,10 pg/g Fett.

Die Anzahl der Überschreitungen der Höchstgehalte bzw. Auslösewerte und weitere statistische Kennzahlen sind den *Tab. 1-5-1-3*, *1-5-1-4* und *1-5-1-5* zu entnehmen.

Fisch und Fischerzeugnisse: Insgesamt wurden 33 Proben von Fisch und Fischerzeugnissen und 15 Proben Aal auf Dioxine und dioxinähnliche PCB untersucht. Der Median für WHO-PCDD/F-

TEQ liegt für Fische bei 1,24 pg/g Frischgewicht (Aal 2,20 pg/g Frischgewicht). Der Höchstgehalt für Dioxine wird bei Fischen von keiner der untersuchten Proben überschritten. Bei Aal wird der Höchstgehalt für Dioxine von 33,3 Prozent der untersuchten Proben überschritten. Bei WHO-TEQ ist für Fische eine Höchstgehaltüberschreitung von 3,0 Prozent zu verzeichnen (Aal 20,0 Prozent), der Median für WHO-TEQ liegt bei 2,8 pg/g Frischgewicht (Aal 10,7 pg/g Frischgewicht). Der Median für WHO-PCB-TEQ liegt für Fische bei 1,52 pg/g Frischgewicht (Aal 6,73 pg/g Frischgewicht), der Auslösewert für WHO-PCB-TEQ wird in 12,1 Prozent aller Fischproben überschritten (Aal 66,7 Prozent).

Die Anzahl der Überschreitungen der Höchstgehalte bzw. Auslösewerte und weitere statistische Kennzahlen sind in den *Tab. 1-5-1-3, 1-5-1-4* und *1-5-1-5* aufgelistet.

Weitere Lebensmittelgruppen: Rind-, Schweine- und Geflügelfleisch haben größtenteils unauffällige Gehalte an Dioxinen und dioxinähnlichen PCB, allerdings treten bei Rind- und Geflügelfleisch Höchstgehaltsüberschreitungen für WHO-PCDD/F-TEQ und bei Rind-, Schweine- und Geflügelfleisch Höchstgehaltsüberschreitungen für WHO-TEQ auf. Im Vergleich dazu werden die Höchstgehalte für Leber der o.g. Tierarten wie auch Leber von Schaf indes häufiger überschritten. Dies beruht auf dem Sachverhalt, dass die Leber ein Anreicherungsorgan für Dioxine und PCB ist.

Bei Proben von Butter, Schaffleisch und daraus hergestellten Erzeugnissen, Aquakulturerzeugnissen, Fetten tierischer Herkunft, Nahrungsergänzungsmitteln auf Fischölbasis und pflanzlichen Ölen und Fetten wurden keine Höchstgehaltüberschreitungen in Bezug auf WHO-PCDD/F-TEQ und WHO-TEQ festgestellt. Die für Obst und Gemüse existierenden Auslösewerte für Dioxine und dioxinähnliche PCB wurden bei keiner Probe überschritten.

Die statistischen Kennzahlen für den Gehalt an Dioxinen und PCB wie auch Angaben zu der Anzahl der Überschreitungen der Höchstgehalte bzw. Auslösewerte sind den *Tab. 1-5-1-3, 1-5-1-4* und *1-5-1-5* zu entnehmen.

1.5.1.2.2 Nicht-dioxinähnliche PCB

Es wurden 223 Proben auf Rückstände von nicht-dioxinähnlichen PCB (sechs Indikator-PCB: PCB 28, 52, 101, 108, 138, 153) untersucht.

Die Berechnung erfolgte nach der „lower bound"-Methode. Dabei wurden Proben in denen mindestens ein Indikator-PCB gemessen wurde in die Berechnung einbezogen. Eine Anwendung der „upper bound"-Methode war aufgrund des Sachverhaltes, dass der Anteil der Proben mit quantifizierbaren Konzentrationen der Indikator-PCB-Kongenere oberhalb der Bestimmungsgrenze zwischen 7 und 30 Prozent lag und dass große Unterschiede zwischen den von den Untersuchungseinrichtungen angegebenen Bestimmungsgrenzen vorhanden sind, nicht zweckdienlich. Die statistischen Kennzahlen sind in der *Tab. 1-5-1-6* aufgelistet.

1.5.1.3 Literatur

BzL (2007) Berichte zur Lebensmittelsicherheit 2006, Heft 1, Lebensmittelmonitoring 2006, Birkhäuser-Verlag, Basel.

Empfehlung der Kommission 2004/705/EG zum Monitoring der Hintergrundbelastung von Lebensmitteln mit Dioxinen und dioxinähnlichen PCB.

Empfehlung der Kommission 2006/88/EG zur Reduzierung des Anteils von Dioxinen, Furanen und PCB in Futtermitteln und Lebensmitteln

Verordnung (EG) Nr. 1881/2006 zur Festsetzung der Höchstgehalte für bestimmte Kontaminanten in Lebensmitteln.

Richtlinie 2002/69/EG der Kommission vom 26. Juli 2002, geändert durch die Richtlinie 2004/44/EG vom 13. April 2004, zur Festlegung der Probenahme- und Untersuchungsverfahren für die amtliche Kontrolle von Dioxinen sowie zur Bestimmung von dioxinähnlichen PCB in Lebensmitteln.

1.5.2 Deoxynivalenol (DON) – Überwachung neu eingeführter Höchstmengen für bestimmte Mykotoxine

1.5.2.1 Ausgangssituation

Deoxynivalenol (DON) wird durch Stoffwechselaktivitäten von Schimmelpilzen gebildet und gehört zur Gruppe der Fusarientoxine (Mykotoxine). DON kann in allen Getreidearten auftreten, besonders in Mais und Weizen. Es ist zwar weder erbgutschädigend noch krebserregend, wirkt jedoch in erhöhten Mengen beim Menschen häufig akut toxisch mit Erbrechen, Durchfall und Hautreaktionen nach Aufnahme kontaminierter Nahrung. Außerdem können Störungen des Immunsystems und dadurch erhöhte Anfälligkeit gegenüber Infektionskrankheiten auftreten.

Durch Artikel 1 der Verordnung zur Änderung der Mykotoxin-Höchstmengenverordnung und der Diätverordnung vom 4. Februar 2004 wurden Höchstgehalte für Deoxynivalenol und Zearalenon in Speisegetreide, Getreideerzeugnissen, Teigwaren, Brot und Backwaren und für Fumonisin B_1 und B_2 in Mais, Maiserzeugnissen und Cornflakes eingeführt. Zum 1. Juli 2006 wurden die nationalen Höchstmengen der Mykotoxin-Höchstmengenverordnung unter anderem für Deoxynivalenol durch europaweit harmonisierte Höchstgehalte abgelöst. Die neuen EG-Höchstgehalte liegen z. T. erheblich über den derzeit national geltenden Werten.

Rechtsgrundlage ist die Verordnung (EG) Nr. 856/2005 der Kommission zur Änderung der Verordnung (EG) Nr. 466/2001 in Bezug auf Fusarientoxine vom 6. Juni 2005.

1.5.2.2 Ziel

Es sollte ein Überblick über die Einhaltung von neuen nationalen Vorschriften über Mykotoxinhöchstmengen in Deutschland bzw. neuer europaweit harmonisierter Höchstgehalte gewonnen werden. Die Untersuchungen sollten zeigen, inwieweit die geltenden Bestimmungen eingehalten werden und welche Auswirkungen die geänderte Rechtslage auf das Belastungsniveau bestimmter Lebensmittelgruppen hat.

Hierzu sollten Getreidemehle, Brot, Kleingebäck, Feine Backwaren sowie Getreidebeikost auf Deoxynivalenol untersucht werden. Aus Sicht des BfR sollten Hartweizenerzeugnisse, speziell Teigwaren, auf ihre Belastung mit DON im Rahmen des bundesweiten Überwachungsplans 2006 bundesweit untersucht werden. Proben sollten sowohl bei Herstellern als auch auf allen Handelsstufen entnommen werden.

1.5.2.3 Ergebnisse

Insgesamt wurden 700 Proben aus den Warengruppen „Brote und Kleingebäcke", „Feine Backwaren", „Getreide", „Getreideprodukte und Backvormischungen", „Säuglings- und Kleinkindernahrung" sowie „Teigwaren" auf ihren Gehalt an DON untersucht (Tab. 1-5-2-1). Dieser liegt bei den meisten von 142 positiven Proben aus den Warengruppen „Brote und Kleingebäcke", „Feine Backwaren", „Säuglings- und Kleinkindernahrung" und „Teigwaren" vorrangig im Bereich bis 100 µg/kg; nur in der Warengruppe „Getreideprodukte und Backvormischungen" erweitert sich dieser Bereich für die meisten Proben bis zu etwa 150 µg/kg DON. Damit liegt der Gehalt an DON bei diesen Proben der sechs Warengruppen unter dem jeweiligen Höchstgehalt. Aber auch die Proben der sechs Warengruppen mit maximalem Gehalt an DON überschreiten nicht den jeweiligen Höchstgehalt: „Brote und Kleingebäck" max. Gehalt 105 µg/kg (Höchstgehalt: 500 µg/kg); „Feine Backwaren" (z. B. Knabbererzeugnisse) max. Gehalt 130 µg/kg (Höchstgehalt: 500 µg/kg); „Getreide" max. Gehalt 83 µg/kg (Höchstgehalt: 1250 µg/kg); „Getreideprodukte und Backvormischungen" max. Gehalt 570 µg/kg (Höchstgehalt: 750 µg/kg); „Säuglings- und Kleinkindernahrung" max. Gehalt 88 µg/kg (Höchstgehalt: 200 µg/kg); „Teigwaren" max. Gehalt 209 µg/kg (Höchstgehalt: 750 µg/kg). Insofern wurden im Rahmen dieses Untersuchungsprogramms keine Verstöße gegen geltendes Recht festgestellt.

Tab. 1-2-1 Programme des Bundesweiten Überwachungsplans 2006.

Untersuchung von Lebensmitteln auf Stoffe	– EU-Dioxin- und PCB-Monitoring in Lebensmitteln – Deoxynivalenol (DON) – Überwachung neu eingeführter Höchstmengen für bestimmte Mykotoxine – Zearalenon (ZEA) – Überwachung neu eingeführter Höchstmengen für bestimmte Mykotoxine – Fumonisine B1 und B2 – Überwachung neu eingeführter Höchstmengen für bestimmte Mykotoxine – Kohlenmonoxid-Behandlung von Lachs und Thunfisch – SO_2-Gehalt in Lebensmitteln, für die SO_2 zur Konservierung zugelassen ist (einschließlich Wein) – Risikoanalyse: Morphin und Codein in Mohnsamen zu Back- und Speisezwecken – Untersuchung von Mineral-, Quell-, Tafel- und abgepacktem Trinkwasser auf Uran – Anorganisches Arsen in Algen und Algenerzeugnissen – Furan in bestimmten Lebensmitteln – Nitrat in gereiftem Käse – Nachweis von den potentiell allergenen Stoffen Gluten, Milcheiweiß (Casein und β-Lactoglobulin) und Soja in Wurstwaren – Untersuchung von Obsterzeugnissen, Gemüse- und Pilzerzeugnissen auf Zusatzstoffe (Konservierungsstoffe, Süßstoff und/oder Farbstoffe) unter besonderer Berücksichtigung von Produkten aus osteuropäischen Ländern – Bestimmung von Ethylcarbamat in Steinobstbränden (auch Erzeugnisse aus anderen EU-Mitgliedstaaten) – Erhöhter Wassergehalt in Kochschinken (Formschinken und gewachsener Schinken)/unzulässiger Zusatz von Fremdeiweiß
Untersuchung von Lebensmitteln auf Mikroorganismen	– Mikrobieller Status von Früchte- und Kräutertees – Sensorik und mikrobieller Status von vakuumverpacktem oder unter Schutzatmosphäre verpacktem Fisch (mit dem Schwerpunkt auf Lachs) bei Erreichen des Mindesthaltbarkeitdatums (MHD) – Mikrobieller Status von Teigwaren aus Kleinbetrieben – Mikrobieller Status von Sahne aus Aufschlagautomaten – Verotoxin bildende *E. coli* in streichfähigen Rohwürsten – Untersuchung von Tofu auf Koloniezahl, Salmonellen, coag. pos. Staphylokokken, präsumt. *Bacillus cereus*, *Enterobacteriaceae* – Überprüfung der Qualität und mikrobiologischen Beschaffenheit von abgepacktem Mozzarella in Kleinverbraucherpackungen vom Hersteller bzw. aus dem Handel – *Campylobacter jejuni/coli* in Schweinefleischzubereitungen und Hackfleisch für den Rohverzehr – Untersuchung von pulverförmiger Säuglingsnahrung auf *Enterobacter sakazakii*
Untersuchung von Bedarfsgegenständen	– Antimikrobiell wirksame Substanzen in Textilien – Allergene Duftstoffe in Bedarfsgegenständen zur Reinigung und Pflege – Jodpropinylbutylcarbamat (JPBC) in kosmetischen Mitteln – Antimikrobiell wirksame Substanzen (AWS) in Leder – Phthalate und ESBO in Twist-off-Deckeln – Primäre aromatische Amine (PAA) in Küchenutensilien aus Polyamid – Abgabe von Blei und Cadmium aus Keramikgefäßen – Formaldehyd in Holzpuzzle und Steckspielen für Kinder
Betriebskontrollen	– Rückverfolgbarkeit von Lebensmitteln – GVO-Kennzeichnung und Nachweis in Lebensmitteln (Betriebsprüfung, Probennahme und Untersuchung) – Einhaltung der vorgeschriebenen Temperaturen bei tiefgefrorenen Lebensmitteln während des Versands und im Einzelhandel – Allergenkennzeichnung

Tab. 1-5-1-1 Höchstgehalte gemäß der Verordnung (EG) Nr. 1881/2006.

Erzeugnis	Höchstgehalt, Summe aus Dioxinen und Furanen (WHO-PCDD/F-TEQ)	Höchstgehalt, Summe aus Dioxinen, Furanen und dioxinähnlichen PCB (WHO-TEQ)
Lebensmittel tierischer Herkunft		
Fleisch- und Fleischerzeugnisse von		
• Rindern und Schafen	3 pg/g Fett	4,5 pg/g Fett
• Geflügel	2 pg/g Fett	4 pg/g Fett
• Schweinen	1 pg/g Fett	1,5 pg/g Fett
Aus an Land lebenden Tieren gewonnene Leber und ihre Verarbeitungserzeugnisse	6 pg/g Fett	12 pg/g Fett
Muskelfleisch von Fischen und Fischereizeugnisse sowie ihre Verarbeitungserzeugnisse, ausgenommen Aal	4 pg/g Frischgewicht	8 pg/g Frischgewicht
Muskelfleisch vom Europäischen Flussaal sowie seine Verarbeitungserzeugnisse	4 pg/g Frischgewicht	12 pg/g Frischgewicht
Milch und Milcherzeugnisse einschließlich Butterfett	3 pg/g Fett	6 pg/g Fett
Hühnereier und Eiprodukte	3 pg/g Fett	6 pg/g Fett
Öle und Fette		
• Tierisches Fett von		
○ Rindern und Schafen	3 pg/g Fett	4,5 pg/g Fett
○ Geflügel	2 pg/g Fett	4 pg/g Fett
○ Schweinen	1 pg/g Fett	1,5 pg/g Fett
○ gemischte tierische Fette	2 pg/g Fett	3 pg/g Fett
• Öle von Meerestieren (Fischkörperöl, Fischleberöl und Öle anderer mariner Organismen, die zum menschlichen Verzehr bestimmt sind)	2 pg/g Fett	10 pg/g Fett
Lebensmittel pflanzlicher Herkunft		
Öle und Fette		
• Pflanzliche Öle und Fette	0,75 pg/g Fett	1,5 pg/g Fett

1.5.2.4 Literatur

Verordnung (EG) Nr. 466/2001 der Kommission vom 8. März 2001 zur Festsetzung der Höchstgehalte für bestimmte Kontaminanten in Lebensmitteln, ABl. EG Nr. L 77, S. 1.

Verordnung (EG) Nr. 257/2002 der Kommission vom 12. Februar 2002 zur Änderung der Verordnung Nr. 194/97 zur Festsetzung der zulässigen Höchstgehalte an Kontaminanten in Lebensmitteln sowie der Verordnung (EG) Nr. 466/2001 zur Festsetzung der Höchstgehalte für bestimmte Kontaminanten in Lebensmitteln, ABl. EG Nr. L 41, S. 12.

Verordnung (EG) Nr. 472/2002 der Kommission vom 12. März 2002 zur Änderung der Verordnung (EG) Nr. 466/2001 zur Festsetzung der Höchstgehalte für bestimmte Kontaminanten in Lebensmitteln, ABl. EG Nr. L 75, S. 18.

Verordnung (EG) Nr. 856/2005 der Kommission vom 6. Juni 2005 zur Änderung der Verordnung (EG) Nr. 466/2001 in Bezug auf Fusarientoxine, ABl. EG Nr. L 143, S. 3.

Verordnung zur Änderung der Mykotoxin-Höchstmengenverordnung und der Diätverordnung vom 4. Februar 2004, Bundesgesetzblatt Jahrgang 2004, Teil 1 Nr. 5, S. 151, vom 12. Februar 2004.

1.5.3 Zearalenon (ZEA) – Überwachung neu eingeführter Höchstmengen für bestimmte Mykotoxine

1.5.3.1 Ausgangssituation

Zearalenon ist ein sekundäres Stoffwechselprodukt und wird hauptsächlich von den Pflanzenpathogenen der Gattung *Fusarium* gebildet. Zearalenon ist in unterschiedlichen Getreidearten wie z.B. in Weizen, Mais, Hafer und Reis sowie in den daraus hergestellten Produkten (Cerealien, Teigwaren etc.) nachweisbar. Das Vorkommen von Zearalenon in Lebensmitteln und in Tierfutter stellt ein potentielles Gesundheitsrisiko entweder durch direkte Kontamination der Getreide und den daraus hergestellten Produkten oder durch „carry over" von Zearalenon und dessen Metaboliten in tierischem Gewebe dar.

Durch Artikel 1 der Verordnung zur Änderung der Mykotoxin-Höchstmengenverordnung und der Diätverordnung vom 4. Februar 2004 wurden Höchstgehalte für Deoxynivalenol und Zearalenon in Speisegetreide, Getreideerzeugnissen,

Tab. 1-5-1-2 Auslösewerte für Dioxine und Furane und für dioxinähnliche PCB in Lebensmitteln gemäß der Empfehlung der Kommission 2006/88/EG.

Erzeugnis	Auslösewert für Dioxine und Furane (WHO-TEQ)	Auslösewert für dioxinähnliche PCB (WHO-TEQ)
Lebensmittel tierischer Herkunft		
Fleisch- und Fleischerzeugnisse von		
• Wiederkäuern (Rinder, Schafe)	1,5 pg/g Fett	1 pg/g Fett
• Geflügel und „Farmwild"	1,5 pg/g Fett	1,5 pg/g Fett
• Schweinen	0,6 pg/g Fett	0,5 pg/g Fett
Aus an Land lebenden Tieren gewonnene Leber und ihre Verarbeitungserzeugnisse	4 pg/g Fett	4 pg/g Fett
Muskelfleisch von Fischen und Fischereizeugnisse sowie ihre Verarbeitungserzeugnisse, ausgenommen Aal	3 pg/g Frischgewicht	3 pg/g Frischgewicht
Muskelfleisch vom Europäischen Flussaal sowie seine Verarbeitungserzeugnisse	3 pg/g Frischgewicht	6 pg/g Frischgewicht
Milch und Milcherzeugnisse einschließlich Butterfett	2 pg/g Fett	2 pg/g Fett
Hühnereier und Eiprodukte	2 pg/g Fett	2 pg/g Fett
Öle und Fette		
• Tierisches Fett		
° von Wiederkäuern	1,5 pg/g Fett	1 pg/g Fett
° von Geflügel und „Farmwild"	1,5 pg/g Fett	1,5 pg/g Fett
° von Schweinen	0,6 pg/g Fett	0,5 pg/g Fett
° gemischte tierische Fette	1,5 pg/g Fett	0,75 pg/g Fett
• Öle von Meerestieren (Fischkörperöl, Fischleberöl und Öle anderer mariner Organismen, die zum menschlichen Verzehr bestimmt sind)	1,5 pg/g Fett	6,0 pg/g Fett
Lebensmittel pflanzlicher Herkunft		
Öle und Fette		
• Pflanzliche Öle un d Fette	0,5 pg/g Fett	0,5 pg/g Fett
Obst, Gemüse und Getreide	0,4 pg/g Erzeugnis	0,2 pg/g Erzeugnis

Teigwaren, Brot und Backwaren und für Fumonisin B_1 und B_2 in Mais, Maiserzeugnissen und Cornflakes eingeführt. Zum 1. Juli 2006 wurden die nationalen Höchstmengen der Mykoto-xin-Höchstmengenverordnung unter anderem für Zearalenon zum Teil durch europaweit harmonisierte Höchstgehalte ab-gelöst. Für einige Produkte, wie Maismehl, Maisschrot, Maisöl, Snacks und Frühstückscerealien aus Mais gelten harmonisierte Höchstmengenregelungen erst ab 1. Juli 2007.

1.5.3.2 Ziel
Es sollte ein Überblick über die Einhaltung von Vorschriften über Mykotoxinhöchstmengen in Deutschland gegeben werden.

1.5.3.3 Ergebnisse
Insgesamt wurden 394 Proben aus den sieben Warengruppen „Brote und Kleingebäcke", „Diätetische Lebensmittel", „Feine Backwaren", „Getreide", „Getreideprodukte und Backvormi-schungen", „Säuglings- und Kleinkindernahrung" sowie „Teig-waren" auf ihren Gehalt an ZEA untersucht (Tab. 1-5-3-1). Dieser liegt bei fast allen von 109 positiven Proben der genannten Warengruppen vorrangig im Bereich bis 50 µg/kg; damit liegt der Gehalt an ZEA bei diesen Proben aus sechs Warengruppen unter dem jeweiligen Höchstgehalt. Aber auch die Proben der sechs Warengruppen mit maximalem Gehalt an ZEA über-schreiten nicht den jeweiligen Höchstgehalt: „Brote und Klein-gebäck" max. Gehalt 24 µg/kg (Höchstgehalt: 50 µg/kg); „Feine Backwaren" max. Gehalt 30 µg/kg (Höchstgehalt: 50 µg/kg); „Getreide" max. Gehalt 57 µg/kg (Höchstgehalt: 100 µg/kg); „Getreideprodukte und Backvormischungen" max. Gehalt 27 µg/kg (Höchstgehalt: 75 µg/kg); „Säuglings- und Kleinkin-dernahrung" max. Gehalt 2 µg/kg (Höchstgehalt: 20 µg/kg [DiätV]); „Teigwaren" max. Gehalt 19 µg/kg (Höchstgehalt: 50 µg/kg). Insofern wurden im Rahmen dieses Untersuchungs-programms keine Verstöße gegen geltendes Recht festgestellt.

Tab. 1-5-1-3 Statistische Kennzahlen für WHO-PCDD/F-TEQ (pg/g Bezugssubstanz).

Lebensmittelgruppe	Bezugssubstanz	Anzahl der Proben	Mittelwert (pg/g)	Median (pg/g)	90. Perzentil (pg/g)	95. Perzentil (pg/g)	Minimum (pg/g)	Maximum (pg/g)	Auslösewert (pg/g)*	Proben > Auslösewert (n)****	Proben > Auslösewert (%)	Höchstgehalt (pg/g)	Proben >Höchstgehalt (n)	Proben >Höchstgehalt (%)
Milch	Fett	68	0,569	0,440	0,962	1,71	0,195	2,78	2,0	1	1,5	3,0		
Butter	Fett	8	0,426	0,376			0,263	0,687	2,0			3,0		
Eier, sonstige	Fett	43	1,102	0,473	2,92	5,44	0,157	7,25	2,0	3	7,0	3,0	4	9,3
Eier, Käfighaltung	Fett	27	0,215	0,190	0,376	0,490	0,083	0,550	2,0			3,0		
Eier, Freilandhaltung	Fett	32	0,821	0,605	1,86	2,60	0,120	3,16	2,0	1	3,1	3,0	1	3,1
Eier, Bodenhaltung	Fett	25	0,619	0,293	2,60	3,31	0,120	3,51	2,0	2	8,0	3,0	1	4,0
Rind*	Fett	23	1,10	0,646	3,51	4,08	0,156	4,12	1,5	3	13,0	3,0	2	8,7
Schwein*	Fett	13	0,211	0,157	0,669		0,031	0,684	0,6	2	15,4	1,0		
Schaf*	Fett	4	0,256	0,174			0,136	0,539	1,5			3,0		
Geflügel*	Fett	16	0,997	0,557	4,05		0,085	4,14	1,5			2,0	2	12,5
Leber**	Fett	9	5,27	2,59			0,516	17,71	4,0	4	44,4	6,0	2	22,2
Fisch***	Frischgewicht	48	1,58	1,43	4,58	5,27	0,032	5,51	3,0	2	4,0	4,0	5	10,4
Aquakulturerzeugnisse	Frischgewicht	2	0,172				0,164	0,180	3,0			4,0		
Öl/Fett, tierisch	Fett	2	0,086				0,075	0,096	1,5			2,0		
Öl/Fett, pflanzlich	Fett	13	0,121	0,118	0,223		0,035	0,227	0,5			0,75		
Gemüse	Frischgewicht	1	0,020				0,020	0,020	0,4					
Obst	Frischgewicht	3	0,011	0,009			0,008	0,016	0,4					
NEM, Fischölbasis	Fett	7	0,305	0,190			0,142	0,641	1,5			2,0		

*Fleisch und Fleischerzeugnisse; **Leber von an Land lebenden Tieren gemäß *; ***Muskelfleisch von Fischen, Fischereierzeugnisse sowie ihre Verarbeitungserzeugnisse, ****Ergebnis ist größer als der Auslösewert und gleich bzw. kleiner als der Höchstgehalt.

Tab. 1-5-4 Statistische Kennzahlen für WHO-TEQ (pg/g Bezugssubstanz).

Lebensmittelgruppe	Bezugssubstanz	Anzahl der Proben	Mittelwert (pg/g)	Median (pg/g)	90. Perzentil (pg/g)	95. Perzentil (pg/g)	Minimum (pg/g)	Maximum (pg/g)	Höchst-gehalt (pg/g)	Proben > Höchst-gehalt (n)	Proben > Höchst-gehalt (%)
Milch	Fett	68	1,35	1,10	2,37	2,59	0,463	6,60	6,0	1	1,5
Butter	Fett	8	1,07	1,01			0,806	1,58	6,0		
Eier, sonstige	Fett	43	2,45	0,912	9,08	10,4	0,274	13,2	6,0	5	11,6
Eier, Käfighaltung	Fett	27	0,687	0,420	2,52	3,00	0,150	3,06	6,0		
Eier, Freilandhaltung	Fett	32	1,73	1,12	4,61	5,69	0,214	6,01	6,0	1	3,1
Eier, Bodenhaltung	Fett	25	5,80	0,504	20,6	70,6	0,200	83,6	6,0	3	12,0
Rind*	Fett	23	2,22	1,55	4,89	6,51	0,461	6,88	4,5	3	13,0
Schwein*	Fett	13	1,53	0,234	8,62		0,056	9,96	1,5	2	15,4
Schaf*	Fett	4	1,21	1,15			0,361	2,19	4,5		
Geflügel*	Fett	16	1,98	1,01	9,06		0,207	9,98	4,0	2	12,5
Leber**	Fett	9	6,81	3,83			1,12	20,2	12,0	2	22,2
Fisch***	Frischgewicht	48	4,51	3,35	11,3	12,4	0,057	12,8	8,0	10	20,8
Aquakulturerzeugnisse	Frischgewicht	2	0,353				0,332	0,373	8,0		
Öl/Fett, tierisch	Fett	2	0,153				0,140	0,167	3,0		
Öl/Fett, pflanzlich	Fett	13	0,328	0,326	0,708		0,120	0,883	1,5		
Gemüse	Frischgewicht	1	0,022				0,022	0,022			
Obst	Frischgewicht	3	0,056	0,027			0,025	0,116			
NEM, Fischölbasis	Fett	7	0,167	1,45			0,685	4,12	10,0		

*Fleisch und Fleischerzeugnisse; ** Leber von an Land lebenden Tieren gemäß *; *** Muskelfleisch von Fischen, Fischereierzeugnisse sowie ihre Verarbeitungserzeugnisse.

Tab. 1-1-5 Statistische Kennzahlen für WHO-PCB-TEQ (pg/g Bezugssubstanz).

Lebensmittel-gruppe	Bezugssubstanz	Anzahl der Proben	Mittelwert (pg/g)	Median (pg/g)	90. Perzentil (pg/g)	95. Perzentil (pg/g)	Minimum (pg/g)	Maximum (pg/g)	Auslöse-wert (pg/g)	Proben > Auslöse-wert (n)	Proben > Auslöse-wert (%)
Milch	Fett	68	0,780	0,632	1,44	1,72	0,152	5,68	2,0	1	1,5
Butter	Fett	8	0,647	0,633			0,451	0,888	2,0		
Eier, sonstige	Fett	43	1,35	0,450	4,33	6,76	0,116	11,3	2,0	7	16,3
Eier, Käfighaltung	Fett	27	0,471	0,210	2,03	2,69	0,060	2,71	2,0	2	7,4
Eier, Freilandhaltung	Fett	32	0,912	0,501	3,31	3,82	0,092	4,14	2,0	5	15,6
Eier, Bodenhaltung	Fett	25	5,18	0,181	17,5	67,8	0,063	81,2	2,0	3	12,0
Rind*	Fett	23	1,12	0,879	2,72	3,72	0,277	3,91	1,0	9	39,1
Schwein*	Fett	13	1,32	0,085	8,23		0,010	9,74	0,5	3	23,1
Schaf*	Fett	4	0,958	0,977			0,225	1,65	1,0	2	50,0
Geflügel*	Fett	16	0,979	0,454	5,00		0,022	5,84	1,5	2	12,5
Leber**	Fett	9	1,54	0,910			0,192	5,70	4,0	4	44,4
Fisch***	Frischgewicht	48	2,93	1,80	7,17	8,67	0,011	9,31	4,0	14	29,2
Aquakultur-erzeugnisse	Frischgewicht	2	0,181				0,152	0,209	3,0		
Öl/Fett, tierisch		2	0,068				0,065	0,071	1,0		
Öl/Fett, pflanzlich	Fett	13	0,207	0,176	0,520		0,028	0,657	0,5	1	7,7
Gemüse	Frischgewicht	1	0,002				0,002	0,002	0,2		
Obst	Frischgewicht	3	0,045	0,018			0,009	0,107	0,2		
NEM, Fischölbasis	Fett	7	1,37	0,994			0,532	3,73	6,0		

* Fleisch und Fleischerzeugnisse; ** Leber von an Land lebenden Tieren gemäß *; *** Muskelfleisch von Fischen, Fischereierzeugnisse sowie ihre Verarbeitungserzeugnisse.

Tab. 1-5-1-6 Statistische Kennzahlen für die Summe der 6 Indikator-PCB (ng/g Bezugssubstanz).

Lebensmittelgruppe****	Bezugssubstanz	Anzahl	Mittelwert (ng/g)	Median (ng/g)	90. Perzentil (ng/g)	Minimum (ng/g)	Maximum (ng/g)
Milch	Fett	51	2,47	0,000	6,86	0,000	40,16
Butter	Fett	4	1,25	1,00		0,000	3,00
Eier, sonstige	Fett	22	2,69	0,000	16,40	0,000	22,22
Eier, Käfighaltung	Fett	25	1,68	0,000	0,000	0,000	42,00
Eier, Freilandhaltung	Fett	26	11,8	0,000	51,7	0,000	143
Eier, Bodenhaltung	Fett	20	19,6	0,000	102	0,000	240
Rind*	Fett	14	8,8	8,75	28,6	0,000	34,1
Schwein*	Fett	7	93,1	0,000		0,000	410
Schaf*	Fett	1	8,00			8,00	8,00
Geflügel*	Fett	11	1,63	0,000	7,32	0,000	7,90
Leber**	Fett	7	22,3	2,44		0,000	85,2
Fisch***	Frischgewicht	18	23,4	18,3	51,7	0,690	76,0
Öl/Fett tierisch	Fett	2	0,000			0,000	0,000
Öl/Fett pflanzlich	Fett	5	0,000			0,000	0,000
Gemüse	Frischgewicht	1	0,000			0,000	0,000
Obst	Frischgewicht	3	0,000	0,000		0,000	0,000
NEM, Fischölbasis	Fett	6	1,50	0,000		0,000	9,00

* Fleisch und Fleischerzeugnisse; ** Leber von an Land lebenden Tieren gemäß *; *** Muskelfleisch von Fischen, Fischereierzeugnisse sowie ihre Verarbeitungserzeugnisse; **** für die Lebensmittelgruppe „Aquakulturerzeugnisse" liegen keine Daten vor.

Tab. 1-5-2-1 Untersuchung von Proben aus den Warengruppen „Brote und Kleingebäcke", „Feine Backwaren", „Getreide", „Getreideprodukte und Backvormischungen", „Säuglings- und Kleinkindernahrung" sowie „Teigwaren" auf ihren Gehalt an Deoxynivalenol (DON).

	Proben-anzahl	Anzahl positiver Proben	Gehalt der positiven Proben an DON (µg/kg)						
			1–49	50–99	100–149	150–199	200–249	>250	max. Gehalt
Brote und Kleingebäcke	129	17	5	9	3	0	0	0	105
Feine Backwaren	63	6	3	1	2	0	0	0	130
Getreide	54	9	5	4	0	0	0	0	83
Getreideprodukte und Backvormischungen	278	64	20	22	14	4	0	4	570
Säuglings- und Kleinkindernahrung	65	6	3	3	0	0	0	0	88
Teigwaren	111	40	19	14	4	2	1	0	209
Gesamt	700	142	55	53	23	6	1	4	

Tab. 1-5-3-1 Untersuchung von Proben aus den Warengruppen „Brote und Kleingebäcke", „Feine Backwaren", „Getreide", „Getreideprodukte und Backvormischungen", „Säuglings- und Kleinkindernahrung" sowie „Teigwaren" auf ihren Gehalt an Zearalenon (ZEA).

	Proben-anzahl	Anzahl positiver Proben	Gehalt der positiven Proben an ZEA (µg/kg)						
			1–49	50–99	100–149	150–199	200–249	>250	max. Gehalt
Brote und Kleingebäcke	73	4	4	0	0	0	0	0	24
Diätetische Lebensmittel	1	0	0	0	0	0	0	0	---
Feine Backwaren	65	27	27	0	0	0	0	0	30
Getreide	10	5	4	1	0	0	0	0	57
Getreideprodukte und Backvormischungen	175	65	65	0	0	0	0	0	27
Säuglings- und Kleinkindernahrung	66	6	6	0	0	0	0	0	2
Teigwaren	4	2	2	0	0	0	0	0	19
Gesamt	394	109	108	1	0	0	0	0	

1.5.3.4 Literatur

Verordnung (EG) Nr. 466/2001 der Kommission vom 8. März 2001 zur Festsetzung der Höchstgehalte für bestimmte Kontaminanten in Lebensmitteln, ABl. EG Nr. L 77, S. 1.

Verordnung (EG) Nr. 257/2002 der Kommission vom 12. Februar 2002 zur Änderung der Verordnung Nr. 194/97 zur Festsetzung der zulässigen Höchstgehalte an Kontaminanten in Lebensmitteln sowie der Verordnung (EG) Nr. 466/2001 zur Festsetzung der Höchstgehalte für bestimmte Kontaminanten in Lebensmitteln, ABl. EG Nr. L 41, S. 12.

Verordnung (EG) Nr. 472/2002 der Kommission vom 12. März 2002 zur Änderung der Verordnung (EG) Nr. 466/2001 zur Festsetzung der Höchstgehalte für bestimmte Kontaminanten in Lebensmitteln, ABl. EG Nr. L 75, S. 18.

Verordnung (EG) Nr. 856/2005 der Kommission vom 6. Juni 2005 zur Änderung der Verordnung (EG) Nr. 466/2001 in Bezug auf Fusarientoxine, ABl. EG Nr. L 143, S. 3.

Verordnung zur Änderung der Mykotoxin-Höchstmengenverordnung und der Diätverordnung vom 4. Februar 2004, Bundesgesetzblatt Jahrgang 2004, Teil 1 Nr. 5, S. 151, vom 12. Februar 2004.

1.5.4 Fumonisine B₁ und B₂ – Überwachung neu eingeführter Höchstmengen für bestimmte Mykotoxine

1.5.4.1 Ausgangssituation

Die Fumonisine B_1 und B_2 sind Schimmelpilzgifte (Mykotoxine), die von Schimmelpilzen der Gattung *Fusarium* vorrangig auf Mais gebildet werden. Wie alle Fusarientoxine wirken sie zellschädigend und beeinträchtigen das Immunsystem. Im Tierversuch erwiesen sich Fumonisine als krebserregend.

Durch den Artikel 1 der Verordnung zur Änderung der Mykotoxin-Höchstmengenverordnung (MHmV) und der Diätverordnung vom 4. Februar 2004 wurden Höchstgehalte für Deoxynivalenol und Zearalenon in Speisegetreide, Getreideerzeugnissen, Teigwaren, Brot und Backwaren und für Fumosinin B_1 und B_2 in Mais, Maiserzeugnissen und Cornflakes eingeführt. Zum 1. Juli 2006 wurden die nationalen Höchstmengen der Mykotoxin-Höchstmengenverordnung zum Teil durch europaweit harmonisierte Höchstgehalte abgelöst. Gemein-schaftsweite Höchstgehalte für Fumonisine gelten jedoch erst ab 1. Oktober 2007.

Nach der geltenden MHmV in der Fassung vom 09.09.2004 gilt für die Fumonisine B_1 und B_2 in Maiserzeugnissen (Mais zum direkten Verzehr und verarbeitete Maiserzeugnisse), ausgenommen Cornflakes, eine Höchstmenge von 500 µg/kg und für Cornflakes eine Höchstmenge von 100 µg/kg.

1.5.4.2 Ziel

Die Untersuchungen sollten zeigen, inwieweit die geltenden Bestimmungen eingehalten werden und welche Auswirkungen die geänderte Rechtslage auf das Belastungsniveau bestimmter Lebensmittelgruppen hat.

Säuglings- und Kleinkindernahrung wurden nicht im Rahmen des bundesweiten Überwachungsplanes untersucht, da hierzu parallel ein Projekt im Lebensmittel-Monitoring lief.

1.5.4.3 Ergebnisse

Insgesamt wurden 49 Proben aus den vier Warengruppen „Brote und Kleingebäcke", „Feine Backwaren", „Getreideprodukte und Backvormischungen", sowie „Fertiggerichte" (gefüllte Teigtaschen) auf ihren Gehalt an Fumonisinen B_1 und B_2 untersucht (Tab. 1-5-4-1). Dieser lässt sich generell bei allen 34 positiven Proben der genannten Warengruppen vorrangig keinem bestimmten Bereich unterhalb von 250 µg/kg zuordnen. Aber diese wie auch die Proben der vier Warengruppen mit maximalem Gehalt an Fumonisinen B_1 und B_2 überschreiten nicht den Höchstgehalt von 500 µg/kg: „Brote und Kleingebäck" max. Gehalt 218 µg/kg; „Feine Backwaren" max. Gehalt 215 µg/kg; „Getreideprodukte und Backvormischungen" max. Gehalt 309 µg/kg; „Fertiggerichte" max. Gehalt 487 µg/kg. Insofern wurden im Rahmen dieses Untersuchungsprogramms keine Verstöße gegen geltendes Recht festgestellt.

1.5.4.4 Literatur

Verordnung (EG) Nr. 466/2001 der Kommission vom 8. März 2001 zur Festsetzung der Höchstgehalte für bestimmte Kontaminanten in Lebensmitteln, ABl. EG Nr. L 77, S. 1.

Tab. 1-5-4-1 Untersuchung von Proben aus den Warengruppen „Brote und Kleingebäcke", „Feine Backwaren", „Getreideprodukte und Backvormischungen", sowie „Teigwaren" auf ihren Gehalt an Fumonisinen B1 und B2.

	Proben-anzahl	Anzahl positiver Proben	Gehalt der positiven Proben an den Fumonisinen B_1 und B_2 ($\mu g/kg$)						
			1–49	50–99	100–149	150–199	200–249	>250	max. Gehalt
Brote und Kleingebäcke	2	2	1	0	0	0	1	0	218
Feine Backwaren	10	5	3	1	0	0	1	0	215
Getreideprodukte und Backvormischungen	24	16	4	5	2	1	1	3	309
Fertiggerichte	13	11	0	0	0	1	2	8	487
Gesamt	49	34	8	6	2	2	5	11	

Verordnung (EG) Nr. 257/2002 der Kommission vom 12. Februar 2002 zur Änderung der Verordnung Nr. 194/97 zur Festsetzung der zulässigen Höchstgehalte an Kontaminanten in Lebensmitteln sowie der Verordnung (EG) Nr. 466/2001 zur Festsetzung der Höchstgehalte für bestimmte Kontaminanten in Lebensmitteln, ABl. EG Nr. L 41, S. 12.

Verordnung (EG) Nr. 472/2002 der Kommission vom 12. März 2002 zur Änderung der Verordnung (EG) Nr. 466/2001 zur Festsetzung der Höchstgehalte für bestimmte Kontaminanten in Lebensmitteln, ABl. EG Nr. L 75, S. 18.

Verordnung (EG) Nr. 856/2005 der Kommission vom 6. Juni 2005 zur Änderung der Verordnung (EG) Nr. 466/2001 in Bezug auf Fusarientoxine, ABl. EG Nr. L 143, S. 3.

Verordnung zur Änderung der Mykotoxin-Höchstmengenverordnung und der Diätverordnung vom 4. Februar 2004, Bundesgesetzblatt Jahrgang 2004, Teil 1 Nr. 5, S. 151, vom 12. Februar 2004.

1.5.5 Kohlenmonoxidbehandlung von Lachs und Thunfisch

1.5.5.1 Ausgangssituation

Seit Anfang 2002 werden vorwiegend rotfleischige Fischarten, z. B. Lachs- und Thunfisch vermarktet, die mit kohlenmonoxidhaltigen (CO-haltigen) „Rauchtechnologien" behandelt werden. Das Kohlenmonoxid (CO) dient bei der Behandlung nur als Farbstabilisator, durch eine feste Bindung von CO an Myoglobin und Hämoglobin entsteht eine kirschrote Farbe, die auch nach mehrtägiger Lagerung stabil bleibt und die normalerweise durch Oxidation auftretende braungraue Verfärbung der Fische verhindert. Die Verderbnisprozesse sind jedoch nicht oder nur zu einem geringen Grad eingeschränkt, das bakterielle Wachstum wird nicht gehemmt (Schubring, 2008). Eine geschmackliche Räuchernote weist der Fisch nicht auf. CO ist als (alleiniger) Zusatzstoff in Deutschland nach der Zusatzstoff-Zulassungsverordnung nicht zugelassen, somit sind diese Fische nicht verkehrsfähig. Diese Auffassung wird auch von der DG SANCO in einem Schreiben vom Juni 2004 (DG SANCO/D3/SH/km D 430524 [2004]) zu „Clear Smoke" geteilt: Es ist ein Rauchverfahren, bei dem der Rauch mehrfach gefiltert wird. Dadurch werden nicht nur feste Partikel, sondern auch Geruchs- und Farbbestandteile entfernt. Die DG SANCO kommt zu dem Schluss, dass es sich bei dem „Clear Smoke"-Prozess um ein indirektes Verfahren zur Behandlung von Lebensmitteln mit CO handelt. CO ist als Zusatzstoff in der EU nicht zugelassen.

1.5.5.2 Ziel

Es sollte festgestellt werden, in welchem Umfang Lachs und Thunfisch mit CO behandelt wird. Das Untersuchungsprogramm dient neben dem Täuschungsschutz auch dem Gesundheitsschutz, um den Verzehr vermeintlich frischer, jedoch verdorbener Fische zu verhindern. Das Ziel des Untersuchungsprogramms ist es, die unzulässig mit CO behandelten Fische zu ermitteln und die betroffenen Hersteller/Importeure zu identifizieren.

1.5.5.3 Ergebnisse

Im Unterschied zum Jahr 2005 überstieg diesmal die Anzahl der untersuchten Proben (177) die der Planung (156).

Werden die von Schubring (2005) ermittelten CO-Gehalte von nicht mit CO behandeltem Thunfisch (0,016 mg/kg) und von mit CO behandeltem Thunfisch (0,74-1,06 mg/kg) der Auswertung der 177 untersuchten Proben (Tab. 1-5-5-1) zugrunde gelegt, so ergibt sich, dass a) 5 Proben Thunfisch eindeutig mit CO behandelt worden sind und (b) bei 2 Lachsproben, 17 Thunfischproben sowie einer nicht spezifizierten Fischprobe erhöhte CO-Gehalte vorliegen, die eine CO-Behandlung vermuten lassen.

Wie im Jahr zuvor war damit im Jahr 2006 wiederum der prozentuale Anteil von CO-behandeltem Thunfisch höher als der von Lachs (Tab. 1-5-5-1 und 1-5-5-2), wobei die in den belasteten Fischproben nachgewiesenen CO-Gehalte auch etwa ähnlich wie im Vorjahr ausfielen.

1.5.5.4 Literatur

Schubring, R. (2005) Methode zur Bestimmung von Kohlenmonoxid in Fisch und Fischerzeugnissen. BfEL-Jahresbericht 2005.

Schubring, R. (2008) Use of "filtered smoke" and carbon monoxide with fish. J Verbr Lebens 3:31–44.

1.5.6 SO₂-Gehalt in Lebensmitteln, bei denen SO₂ als Konservierungsstoff zugelassen ist (einschließlich Wein)

1.5.6.1 Ausgangssituation

Schwefeldioxid (SO_2) gehört aufgrund einer evtl. denkbaren Überschreitung des ADI-Wertes zu den Zusatzstoffen, zu denen die Kommission Daten zur tatsächlichen Aufnahmemenge

Tab. 1-5-5-1 Überprüfung von Lachs- und Thunfischproben auf CO-Behandlung (BÜP 2006).

	Anzahl der Proben	Anteil der CO-positiven Proben	CO-Gehalt (mg/kg)			
			<0,1	0,1–0,7	>0,7	Maximal-wert
Lachs	57	11 (19%)	9	2	–	0,16
Thunfisch	113	49 (43%)	27	17	5	1,92
Andere	7	3	2	1	–	0,12
Gesamt	177	63	38	20	5	

Tab. 1-5-5-2 Überprüfung von Lachs- und Thunfischproben auf CO-Behandlung (BÜP 2005).

	Anzahl der Proben	Anteil der CO-positiven Proben	CO-Gehalt (mg/kg)			
			<0,1	0,1–0,7	>0,7	Maximal-wert
Lachs	21	9 (43%)	4	5	–	0,22
Thunfisch	37	23 (62%)	15	6	2	1,87
Gesamt	58	32	19	11	2	

(d. h. Verzehrsmenge des Lebensmittels kombiniert mit den tatsächlich im Lebensmittel vorhandenen Zusatzstoffgehalten) von den Mitgliedstaaten angefordert hat. Außerdem werden insbesondere bei Trockenfrüchten häufig Überschreitungen der Höchstmengen festgestellt.

1.5.6.2 Ziel

Im Rahmen dieses Untersuchungsprogramms soll – wie bereits im Jahr 2005 – der SO_2-Gehalt der Lebensmittel und die Einhaltung der Höchstmengen überprüft werden.

1.5.6.3 Ergebnisse

Im Jahr 2005 wurden von insgesamt 950 Lebensmittelproben 507 Proben identifiziert, in denen der Zusatz von SO_2 als Konservierungsstoff gemäß der Zusatzstoff-Zulassungsverordnung mit einer bestimmten Höchstmenge zugelassen ist (BVL-Reporte, 2005). Einige wenige Höchstmengenüberschreitungen wurden festgestellt.

Im Vergleich dazu wurden im Jahr 2006 von insgesamt 323 Lebensmittelproben 296 identifiziert, in denen der Zusatz von SO_2 als Konservierungsstoff gemäß der Zusatzstoff-Zulassungsverordnung zugelassen ist. Einige wenige Höchstmengenüberschreitungen wurden wie im Vorjahr festgestellt: ein Apfelwein mit einem SO_2-Gehalt von 209 mg/kg (Höchstmenge für Obst- und Fruchtwein 200 mg/kg); zwei Proben aus der Warengruppe Wein-/Branntweinessig mit einem SO_2-Gehalt von 209 mg/kg bzw. 217 mg/kg (Höchstmenge für Gärungsessig 170 mg/kg). Die SO_2-Gehalte der 64 positiven Proben aus der Warengruppe Trockenfrüchte entsprechen dem Untersuchungsergebnis des Vorjahres. Bei den restlichen 27 Proben handelte es sich um Lebensmittel, bei denen ein Zusatz von Schwefeldioxid nicht zugelassen ist.

1.5.6.4 Literatur

BVL-Reporte (2005) Bundesweiter Überwachungsplan. In: Berichte zur Lebensmittelsicherheit 2005, Band 1, Heft 3, pp. 20-42, Birkhäuser-Verlag, ISBN 978-3-7643-8404-3.
Verordnung über die Zulassung von Zusatzstoffen zu Lebensmitteln zu technologischen Zwecken (Zusatzstoff-Zulassungsverordnung – ZZulV) vom 29. Januar 1998, BGBl I S. 231.
Verordnung (EG) Nr. 1493/1999 des Rates über die gemeinsame Marktorganisation für Wein vom 17. Mai 1999, ABl. L 179, S. 1.

1.5.7 Risikoanalyse: Morphin und Codein in Mohnsamen zu Back- und Speisezwecken

1.5.7.1 Ausgangssituation

Nach dem gegenwärtigen Stand der Kenntnisse geht man davon aus, dass Speisemohn mit einem Morphin-Gehalt von ≤ 10 mg/kg beim Verzehr in üblichen Mengen gesundheitlich unbedenklich und damit als sicher für die Verbraucher (einschließlich Kinder, Schwangere und Stillende) anzusehen ist. Bei Gehalten über 50 mg/kg resultieren bei einmaliger Aufnahme von 1 Stück Mohnkuchen durch ein Kleinkind bzw. von 2 Stücken durch einen Erwachsenen Aufnahmemengen, die für das Kleinkind nur um den Faktor 2 und für den Erwachsenen nur um den Faktor 4 von der niedrigsten empfohlenen therapeutischen Einzeldosis entfernt sind. Selbst bei Berücksichtigung, dass der Morphin-Gehalt durch küchentechnische Vorgänge (Kochen in Milch und Abseihen, Backen etc.) noch reduziert werden kann, sind die Abstände zum therapeutischen Dosisbereich so gering, dass bei Kleinkindern und Erwachsenen, die besonders empfindlich auf Morphin ansprechen, nicht ausgeschlossen werden kann, dass gesundheitsschädigende Effekte (z. B. Übelkeit und Erbrechen, Atemdepression, Sedation) hervorgerufen werden.

Der Wert von 10 mg/kg wird als Beurteilungsgrundlage für Speisemohn vorgeschlagen. Speisemohn mit Gehalten über

Tab. 1-5-6-1 SO_2-Gehalt verschiedener Lebensmittel.

Lebensmittel	Anzahl der Proben	Anzahl positiver Proben	SO_2-Gehalt (mg/kg)						
			<100	>100-500	>500-1000	>1000-1500	>1500-2000	>2000-3000	>3000-4000
Krebstiere	6	6	6	0	0	0	0	0	0
Kartoffel, roh geschält	3	3	3	0	0	0	0	0	0
Verarbeitete Kartoffeln	11	10	10	0	0	0	0	0	0
Gemüse und Obst in Essig	2	0	0	0	0	0	0	0	0
Trockenfrüchte	78	64	5	2	12	26	16	3	0
Obst-/Fruchtwein	40	26	18	8	0	0	0	0	0
Gärungsessig	27	11	7	4	0	0	0	0	0
Wein	62	59	19	40	0	0	0	0	0
Met	8	6	6	0	0	0	0	0	0
Konfitüren	44	13	13	0	0	0	0	0	0
Limonen- und Zitronensaft	15	10	9	1	0	0	0	0	0
Sonstige	27	12	12	2	0	0	0	0	0
Gesamt	323	214	101	56	12	26	16	3	0

10 mg/kg sollte aus Sicht des gesundheitlichen Verbraucherschutzes auch unter Beachtung des Vorsorgeaspektes nicht in den Handel gelangen. Bei deutlicher Überschreitung des Richtwertes, z. B. bei einem Morphin-Gehalt von 50 mg/kg, kann nicht mehr mit ausreichender Sicherheit gewährleistet werden, dass beim Verzehr des Speisemohns keine die Gesundheit schädigenden Effekte auftreten.

Wegen der unzureichenden Datenlage zur Mutagenität und der fehlenden Datenlage zur Kanzerogenität von Morphin ist die hier vorgenommene Bewertung als vorläufig anzusehen. Sollte in Zukunft durch neue Studien belegt werden, dass Morphin mutagen und kanzerogen ist und nicht mehr gewährleistet ist, dass der abgeleitete Richtwert von 10 mg/kg die Gesundheit der Verbraucher ausreichend schützt, wäre ein neuer Richtwert abzuleiten.

Da das gleichzeitig im Mohnsamen enthaltene Codein im Vergleich zum Morphin-Gehalt regelmäßig in deutlich geringerer Konzentration enthalten ist und keine höhere Toxizität als Morphin besitzt, ist bei Einhaltung des Beurteilungswertes von 10 mg/kg Morphin gewährleistet, dass vom zusätzlich enthaltenen Codein keine Gesundheitsschädigung ausgeht und dieses auch nicht in relevanter Weise die Toxizität des Morphins verstärkt.

1.5.7.2 Ziel

Bei der Probenahme sollte das Herkunftsland der Mohnsamen, das Erntejahr und – falls möglich – auch die Mohnsorte erfasst werden. Die Zuordnung der Mohnsorte erlaubt u. U. Rückschlüsse auf geringere Morphin/Codein-Gehalte in den Samen einzelner Sorten. Neben ausländischem Mohn sollte auch aus Deutschland stammender Speisemohn auf seinen Morphin/Codein-Gehalt untersucht werden.

Da davon ausgegangen wird, dass ein Teil des Morphins/Codeins der Mohnsamen von äußeren Anhaftungen des Milchsaftes aus der Kapsel stammen (insbesondere in Folge „Quetschung" der Samen bei maschineller Ernte), sollte im Rahmen des Projektes an einem Teil der Proben geprüft werden, ob Waschen der Samen eine relevante Verminderung des Morphin/Codein-Gehaltes bewirkt.

1.5.7.3 Ergebnisse

Zu diesem Untersuchungsprogramm liegen die Analyse-Ergebnisse einer Institution für 46 Proben vor. Vor der Analyse auf den Morphin- und Codeingehalt wurden die Mohnsamen in diesem Fall nicht gewaschen; es wurde ausschließlich blauer Mohn analysiert. Da von abgepackter Ware aus dem Einzelhandel Proben genommen wurden, konnte im Rahmen dieses Untersuchungsprogramms keine Auskunft über den Herkunftsstaat der jeweiligen Einzelprobe gegeben werden.

Von den 46 Proben wurden 26 Proben (56,5 %) wegen ihres Morphingehaltes beanstandet. Aus der Gruppeneinteilung der Proben nach ihrem Morphingehalt wird in diesem Zusammenhang ersichtlich, dass nicht in jedem Fall bei der Überschreitung des Beurteilungswertes von 10 mg/kg eine Beanstandung ausgesprochen wurde (Tab. 1-5-7-1). Bei den vier Proben über 100 mg/kg lagen die Morphingehalte bei 119,7 mg/kg, 147,5 mg/kg, 163 mg/kg sowie 359,8 mg/kg.

Tab. 1-5-7-1 Gruppeneinteilung der 46 Mohnproben aufgrund ihres Morphingehaltes; der so genannte Beurteilungswert liegt bei 10 mg/kg.

	Morphingehalt (mg/kg)				
	≤10	10≤30	30≤60	60≤100	>100
Probenzahl	9	19	10	4	4

1.5.8 Untersuchung von Mineral-, Quell-, Tafel- und abgepackte Trinkwasser auf Uran

1.5.8.1 Ausgangssituation

Schon vor 2006 wurde in Deutschland diskutiert, ob in Hinblick auf die in natürlichen Mineralwässern gemessenen Urangehalte das damalige, durch Rechtsverordnung bestehende Schutzniveau noch als ausreichend betrachtet werden konnte. In seiner Risikobewertung aus dem Jahre 2005 hatte das BfR angemerkt, dass bei Wässern, die als für die Säuglingsnahrung geeignet ausgelobt werden, ein Grenzwert für Uran in die Mineral- und Tafelwasser-Verordnung (MTV) aufgenommen werden sollte. Die insgesamt 1.530 Untersuchungsergebnisse über Urangehalte in Mineralwässern des deutschen Marktes, welche durch die Überwachungsbehörden mehrerer Bundesländer an das BVL übermittelt worden waren, bestätigten im Prinzip die Erkenntnisse aus dem Jahr 2004, dass der überwiegende Teil der Mineralwässer (97% der Proben) kein Uran (nicht bestimmbar) oder nur geringe Mengen des Schwermetalls enthält (der WHO-Richtwert von 15 µg Uran/L wird nicht überschritten) und dass diese Wässer für Erwachsene selbst bei regelmäßigem Konsum größerer Mengen kein gesundheitliches Risiko darstellen.

1.5.8.2 Ziel

Die Datengrundlage der Risikobewertung des BfR (2005) sollte durch das bundesweite Überwachungsprogramm ergänzt und erweitert werden. Da die MTV Anforderungen für die Eignung zur Säuglingsnahrung gleichlautend für Mineral-, Quell-, Tafel- und abgepacktes Trinkwasser definiert, sollten diese Produkte bei der Erhebung von Daten ebenfalls berücksichtigt werden.

1.5.8.3 Ergebnisse

Die Probennahmen im Rahmen dieses Untersuchungsprogramms sollten sich insbesondere beziehen auf in- und ausländische Handelsproben, zusätzlich sollten aber auch Proben von für Mineralwasserquellnutzungen verwendeten Brunnen (nur Inland) berücksichtigt werden (BMELV, 2006). An diesem Untersuchungsprogramm beteiligten sich 14 Institutionen mit insgesamt 772 beprobten Mineralwässern; davon wurden 319 Mineralwasserproben unterschiedlicher Herkunft als positiv in Bezug auf ihren Urangehalt identifiziert (Tab. 1-5-8-1). Es ist offensichtlich, dass – ohne Kenntnis zumindest der geologische Beschaffenheit des Herkunftortes der jeweiligen Mineralquelle – aufgrund der alleinigen Angabe des Herkunftsstaates kein ursächlicher Zusammenhang zwischen dieser staatlichen Herkunft des jeweiligen Mineralwassers und seinem Urangehalt hergestellt werden kann.

Ein Vergleich der verschiedenen, zum Verkauf angebotenen Wassererzeugnisse im Hinblick auf ihren Urangehalt trägt zu einem durchaus differenzierten Bild bei (Tab. 1-5-8-2). Augenscheinlich heben sich die Proben von Mineralwässern und Rohwässern mit einem durchschnittlichen Urangehalt 1,1 µg/L deutlich von den Proben von Quellwässern und Tafelwässern mit einem durchschnittlichen Urangehalt von 0,4 µg/L ab. In jedem Fall lagen die durchschnittlichen Urangehalte der beprobten Wassererzeugnisse unter dem Trinkwasser-Richtwert der WHO in Höhe von 15 µg/L. Auf der Grundlage dieser durchschnittlichen Urangehalte kann aufgrund der Risikobewertung des BfR (2005) noch nicht von einer Gefährdung der menschlichen Gesundheit bei durchschnittlichem Mineralwasserkonsum ausgegangen werden. Jedoch liegen zwei Maximalwerte an Uranbelastung mit 35 µg/L bei einer Probe Mineralwasser bzw. mit 39 µg/L bei einer Probe Rohwasser über diesem Richtwert der WHO.

Damit bestätigen diese Ergebnisse andere Untersuchungen, nach denen der überwiegende Teil der Mineralwässer kein Uran oder nur geringe Mengen an Uran enthält.

Als Erweiterung dieses Untersuchungsprogramms konnte optional auch der Gehalt der Wassererzeugnisse an Thallium (im Vergleich zum Uran) bestimmt werden[2]. Der Anteil Thal-

Tab. 1-5-8-1 Liste der Staaten, aus denen die auf Uran untersuchten Wasserproben stammen.

Herkunftsstaat	Anzahl der Proben	Anzahl positiver Proben
Belgien	2	0
Deutschland	701	281
Frankreich einschl. Korsika	23	13
Griechenland	1	1
Italien	20	14
Libanon	1	1
Luxemburg	1	1
Niederlande	2	0
Österreich	3	2
Polen	8	0
Schweiz	1	1
Serbien und Montenegro	1	1
Spanien	2	1
Tschechische Republik	1	0
Türkei	5	3
Gesamt	772	319

---

[2] Thallium und thalliumhaltige Verbindungen sind hochgiftig; eine natürliche Aufnahme toxischer Mengen ist aber kaum gegeben.

Tab. 1-5-8-2 Ergebnisse der Untersuchung von Mineralwasserproben verschiedener Wasserarten auf den Gehalt an Uran.

Wasserart	Gesamt-anzahl	Anzahl positiver Proben	Mittelwert (µg/L)	Perz. 90 (µg/L)	Perz. 95 (µg/L)	Maximum (µg/L)
abgefülltes Trinkwasser	8	1	0,0	0,01	0,02	0,03
Mineralwasser	517	213	1,1	2,94	6,68	35,00
Quellwasser	61	23	0,6	2,40	2,60	3,70
Rohwasser	135	62	1,1	2,30	3,92	39,00
Sonstige	2	1	0,2	0,36	0,38	0,40
Tafelwasser	49	19	0,2	0,82	0,96	2,20
Gesamt	772	319				

Tab. 1-5-8-3 Anzahl positiver Proben bei der Untersuchung von verschiedenen Wasserarten auf den Gehalt an Uran bzw. Thallium.

	Uran		Thallium	
	Anzahl der Proben	Anzahl positiver Proben	Anzahl der Proben	Anzahl positiver Proben
Mineralwasser	517	213	298	125
Quellwasser	61	23	23	8
Rohwasser	135	62	21	1
Sonstige	2	1	43	18
Tafelwasser	49	19	23	20

lium-haltiger Wasserproben liegt – ähnlich wie bei der Untersuchung auf Uran – etwa zwischen 40 und 50 % (Tab. 1-5-8-3). Inwieweit die davon abweichende Situation bei den Thallium-haltigen Proben der Kategorie „Tafelwasser" mit etwa 87 % positive Proben signifikant ist, kann aufgrund der relativ kleinen Probenzahl nicht endgültig entschieden werden.

1.5.8.4 Literatur

BfR (2005) Uran in Mineralwasser. Bei Erwachsenen geringe Mengen tolerierbar, Wasser für Säulingsnahrung sollte uranfrei sein. Stellungnahme Nr. 024/2005 des BfR vom 13. Mai 2005. http://www.bfr.bund.de/cm/208/uran_in_mineralwasser.pdf

BMELV (2006) Allgemeine Verwaltungsvorschrift über den bundesweiten Überwachungsplan für das Jahr 2006 (AVV Bundesweiter Überwachungsplan 2006 – AVV BÜp 2006), GMBl Nr. 34/35, S. 642-692.

1.5.9 Anorganisches Arsen in Algen und Algenerzeugnissen

1.5.9.1 Ausgangssituation

Anorganisches Arsen wird als genotoxisch eingestuft, während Arsenobetain nicht toxisch ist (Richtlinie 2003/100/EG, SCAN 2003). Die länger währende Aufnahme von Arsen, z.B. mit dem Trinkwasser, ist mit einem erhöhten Krebsrisiko beim Menschen für die Haut, die Lunge, die Blase und Niere verbunden (WHO-ICPS, 2001). Die FAO/WHO hatte eine vorläufige, tolerable wöchentliche Aufnahmemenge (PTWI) von 15 µg anorganisches Arsen/kg Körpergewicht für Menschen festgelegt, die nach den Untersuchungen von Tao und Bolger (1998) zu 3-16 % ausgeschöpft wird.

Einer Studie zufolge, welche im Auftrag des Sächsischen Landesamtes für Umwelt und Geologie (LfUG) durch die TU Dresden erarbeitet wurde, können Algen zum Teil weit mehr als andere bisher untersuchte Gefäßpflanzen Radionuklide und Arsen akkumulieren; in diesem Fall konnten Süßwasseralgen bis zu 4 Gramm Arsen pro Kilogramm Trockenmasse speichern.

1.5.9.2 Ziel

Im Rahmen dieses Untersuchungsprogramms sollte der Gehalt an anorganischem Arsen in Algen, die im Handel angeboten werden, ermittelt werden. In der Richtlinie 2003/100/EG über unerwünschte Stoffe in der Tierernährung wurde bereits auf die besondere Bedeutung der Seealgen-Spezies *Hizikia fusiforme* hingewiesen, deren Gehalt auf 2 mg/kg anorganisches Arsen begrenzt wurde.

1.5.9.3 Ergebnisse

Es wurden insgesamt 136 Algenproben auf ihren Arsengehalt untersucht; von ihnen waren 79 positiv (Tab. 1.5.9.1). Davon hatten 54 Algenproben einen niedrigen Arsengehalt von bis zu 0,5 mg/kg. In Bezug auf den für *Hizikia fusiforme* festgelegten Grenzwert von 2 mg/kg ist von besonderem Interesse, dass zu der Gruppe „Gehalt an anorganischem Arsen >2,0 mg/kg" drei Algenproben (getrocknet) gehören, deren Arsengehalt nur wenig über 2,0 mg/kg liegt, aber auch fünf Algenproben (getrocknet), deren Arsengehalt 2,0 mg/kg um ein Vielfaches übersteigt [9,65 mg/kg; 66 mg/kg; 71 mg/kg; 74,96 mg/kg; 85 mg/kg]. Insofern erscheint weiterer Handlungsbedarf angezeigt.

Tab. 1.5.9.1 Gehalt an anorganischem Arsen in Algenproben.

	Anzahl der Proben	Anzahl positiver Proben	Gehalt an anorganischem Arsen (mg/kg)					
			<0,1	0,1–0,5	0,6–1,0	1,1–1,5	1,6–2,0	>2,0
Agar-Agar	2	0	0	0	0	0	0	0
Algen	3	0	0	0	0	0	0	0
Algen getrocknet	131	79	36	28	3	1	4	7
Gesamt	136	79						

Tab. 1-5-10-1 Furangehalt von Proben aus den Warengruppen „Brote und Kleingebäcke", „Fertiggerichte", „Kaffee, Kaffeeersatzstoffe, Kaffeezusatzstoffe", „Säuglings- und Kleinkindernahrung" sowie „Soßen und Suppen".

	Anzahl der Proben	Anzahl der positiven Proben	Gehalt an Furan (mg/kg)			
			<0,001	0,001–0,01	0,011–0,1	0,11–3,0
Brote und Kleingebäcke	14	2	2	0	0	0
Fertiggerichte	72	61	2	16	43	0
Kaffee, Kaffee-ersatzstoffe, Kaffeezusatzstoffe	55	55	0	4	35	17
Säuglings- und Kleinkindernahrung	219	203	1	37	147	18
Suppen und Soßen	79	79	0	29	49	1
Gesamt	443	400	5	86	274	36

1.5.9.4 Literatur

Richtlinie 2003/100/EG der Kommission vom 31. Oktober 2003 zur Änderung von Anhang I zur Richtlinie 2002/32/EG des Europäischen Parlaments und des Rates über unerwünschte Stoffe in der Tierernährung

Tao, S. S. H. und Bolger, M. (1998) Dietary arsenic intakes in the United States: FDA Total Diet Study, September 1991-December 1996. Food Additives and Contaminants 16:465–472.

1.5.10 Furan in Lebensmitteln

1.5.10.1 Ausgangssituation

Nachdem Furan im Rahmen des National Toxicology Projektes von 1993 nach umfangreichen toxikologischen Prüfungen als karzinogen im Tierversuch erkannt wurde, stufte auch die International Agency for Research on Cancer der WHO (IARC) 1995 Furan als möglicherweise krebserregend für den Menschen ein. Im Mai 2004 informierte die US Food and Drug Administration (FDA) die Öffentlichkeit über Furan in Lebensmitteln, unter anderem in aufgebrühten Kaffeegetränken mit Gehalten bis zu 84 µg/L. Vor dem Hintergrund, dass auch in Europa Kaffee-Aufgüsse in größerem Umfang konsumierte Getränke darstellen und Kaffee mit einem durchschnittlichen jährlichen Verbrauch von 144 Litern pro Kopf in Deutschland Spitzenreiter unter den Getränken ist (Angaben für das Jahr 2005), ist die genaue Kenntnis der Belastung der Verbraucher von wesentlicher Bedeutung für den gesundheitlichen Verbraucherschutz (Kuballa, 2007).

1.5.10.2 Ziel

Im Sinne des gesundheitlichen Verbraucherschutzes wird eine umfassende Datenermittlung zur Furanbelastung in Lebensmitteln, insbesondere Babynahrung, Kaffee, Fertiggerichten und Backwaren für notwendig erachtet, um eine ausreichende Datenbasis für die Ermittlung einer tolerierbaren Aufnahmemenge zu schaffen.

1.5.10.3 Ergebnisse

Aus den Warengruppen „Brote und Kleingebäcke", „Fertiggerichte", „Kaffee, Kaffeeersatzstoffe, Kaffeezusatzstoffe", „Säuglings- und Kleinkindernahrung" sowie „Soßen und Suppen" wurden insgesamt 443 Proben auf Furan untersucht; 400 dieser Proben erwiesen sich hinsichtlich Furan als positiv (Tab. 1-5-10-1). Während die beiden positiven Proben aus der Warengruppe „Brote und Kleingebäcke" mit 0,00031 µg/kg bzw. 0,00035 µg/kg sehr niedrige Gehalte an Furan aufweisen, haben Proben aus den vier anderen Warengruppen hauptsächlich Furangehalte im Bereich von 0,011 µg/kg bis 0,1 µg/kg. Allerdings sollten auch die maximalen Furangehalte der Proben aus den beiden Warengruppen „Kaffee, Kaffeeersatzstoffe, Kaffeezusatzstoffe" und „Säuglings- und Kleinkindernahrung" von bis zu 2,12 µg/kg bzw. 0,176 µg/kg nicht außer Acht gelassen werden, wenn über eine tolerierbare Aufnahmemenge für Furan diskutiert wird. Die durch dieses Untersuchungsprogramm geschaffene Datenbasis ist dafür hinreichend.

1.5.10.4 Literatur

FDA (1994) US Food and Drug Administration, Center for Food Safety and Applied Nutrition. http://www.cfsan.fda.gov/~ms/furan.html.

FDA (2004) Furan in Food, Thermal Treatment; Request for Data and Information. Department of Health and Human Services, Food and Drug Administration. Federal Register: May 10, 2004, 69:25911-25913.

IARC (International Agency for Research on Cancer) (1995) Monographs on the evaluation of carcinogenic risks to humans, IARC Lyon, France, Vol. 63:3194-6407.

Kuballa, T. (2007) Furan in Kaffee und anderen Lebensmitteln. J Verbr Lebensm 2:429-433.

NTP (National Toxicology Programm) (1993) Toxicology and carcinogenis studies of furan in F344/N rats and B6C3F1 mice (gavage studies). NPT Technical Report No. 402, US Department of health Service, National Institutes of Health, Research Triangle Park, NC.

1.5.11 Nitrat in gereiftem Käse

1.5.11.1 Ausgangssituation

Bei der Herstellung von gereiftem Käse (halbfester Schnittkäse, Schnittkäse und Hartkäse) darf der Konservierungsstoff Natriumnitrat (E 251) bzw. Kaliumnitrat (E 252) zur Vermeidung von Reifungsfehlern (sog. Spätblähung) zugesetzt werden. Nach Anlage 5 Teil C Liste 1 der ZZulV dürfen diese Käsegruppen maximal 50 mg/kg Nitrat ausgedrückt als Natriumnitrat enthalten.

In der Molkerei werden Käsen höhere Gehalte an den o. a. Nitraten zugesetzt, die sich während der Reifung von außen nach innen in ihrem Gehalt abbauen. Käse mit kurzen Reifungszeiten kann mit erhöhten Höchstmengen an Nitrat in den Verkehr gelangen.

1.5.11.2 Ziel

Um die Höchstmengeneinhaltung effektiv im Rahmen dieses Untersuchungsprogramms kontrollieren zu können, müssen derartige Proben beim Hersteller bei der Abgabe ab den Handel genommen werden. Hierbei soll eine Entnahme von kurz gereiften Käsearten bevorzugt werden.

1.5.11.3 Ergebnisse

Es wurden im Jahr 2006 im Rahmen dieses BÜp-Programms insgesamt 229 Käseproben auf ihren Nitratgehalt untersucht. Da die Klassifizierung dieser Käseproben zum Teil sortenspezifisch erfolgte und damit über die Kategorien halbfester Schnittkäse,

Tab. 1-5-11-1 Nitratgehalt verschiedener Käseproben.

Käsesorte	Anzahl der Proben	Anzahl der positiven Proben	Anzahl der positiven Proben mit einem Nitratgehalt unter 50 mg/kg	Anzahl der positiven Proben mit einem Nitratgehalt über 50 mg/kg
Amsterdamer	1	1	1	0
Appenzeller	3	3	3	0
Bergkäse	7	4	4	0
Butterkäse	26	14	13	1 [56,8 mg/kg]
Camembert	1	1	1	0
Chester	1	0	0	0
Danbo	1	1	1	0
Edamer	14	9	9	0
Emmentaler	4	1	1	0
Gouda	23	19	19	0
Hartkäse	7	4	4	0
Harvati	2	2	2	0
Käse	9	7	7	0
Leerdamer	2	2	2	0
Maasdamer	2	2	2	0
Parmesan	2	0	0	0
Schnittkäse	97	64	63	1 [89 mg/kg]
Steinbuscher	2	2	2	0
Steppenkäse	1	0	0	0
Tilsiter	11	10	10	0
Weichkäse	2	2	2	0
Wilstermarsch	1	1	1	0
Ziegenkäse	5	3	3	0

Schnittkäse und Hartkäse hinausging, wurde diese Information ausnahmsweise bei diesem Untersuchungsprogramm auch im Detail mit ausgewertet (Tab. 1-5-11-1). In nur zwei Proben wurde der maximale Nitratgehalt von 50 mg/kg [56,8 bzw. 89 mg/kg] überschritten.

1.5.12 Nachweis von den potentiell allergenen Stoffen Gluten, Milcheiweiß (Casein und ß-Lactoglobulin) und Soja in Wurstwaren

1.5.12.1 Ausgangssituation
„Allergien stellen weltweit eines der größten gesundheitlichen Probleme dar. Sie beeinträchtigen die Lebensqualität eines großen Teils der Bevölkerung und haben erhebliche volkswirtschaftliche Auswirkungen. Allein 40,8 % der in der Studie zur Gesundheit von Kindern und Jugendlichen in Deutschland (KIGGS[3]) untersuchten Kinder wiesen, gemessen an spezifischen IgE-Antikörpern gegen Nahrungs- und inhalative Antigene, eine Sensibilisierung gegen mindestens ein Allergen auf. Gegenüber Nahrungsmitteln sind 20,2 % der Kinder und Jugendliche sensibilisiert. 16,7 % aller Kinder und Jugendlichen leiden nach dieser Studie aktuell unter einer allergischen Erkrankung" (BfR, 2006).

Mit Änderung der Richtlinie 2000/13/EG des Europäischen Parlaments und des Rates vom 20. März 2000 zur Angleichung der Rechtsvorschriften der Mitgliedstaaten über die Etikettierung und Aufmachung von Lebensmitteln sowie die Werbung hierfür durch die Richtlinie 2003/89/EG des Europäischen Parlaments und des Rates vom 10. November 2003 zur Änderung der Richtlinie 2000/13/EG hinsichtlich der Angabe der in Lebensmitteln enthaltenen Zutaten wird EU-weit eine verpflichtende Kennzeichnung von allen Zutaten, u. a. auch von Stoffen, die allergische Reaktionen oder Unverträglichkeiten auslösen können (siehe Anhang III a der Richtlinie 2000/13/EG) eingeführt.

Die Umsetzung der Richtlinie 2003/89/EG erfolgte in der Bundesrepublik Ende 2004 durch die 3. Verordnung zur Änderung der Lebensmittel-Kennzeichnungsverordnung (LMKV) und anderer lebensmittelrechtlicher Vorschriften vom 10. November 2004. Dabei wurde insbesondere Anhang III a der Richtlinie 2003/89/EG eingefügt.

§ 3 Abs. 1 Nr. 3, § 5 Abs. 3 und § 6 i. V. mit Anlage 3 der LMKV sehen u. a. die Verpflichtung der Kennzeichnung von glutenhaltigem Getreide (Weizen, Roggen, Gerste, Hafer, Dinkel, Kamut oder Hybridstämme davon), Milch und Soja sowie jeweils daraus hergestellten Erzeugnissen vor.

Die 3. Verordnung zur Änderung der LMKV und anderer lebensmittelrechtlicher Vorschriften war am 13. November 2004 in Kraft getreten. Jedoch wurden mit der Verordnung § 10 a Abs. 9 LMKV Übergangsregelungen eingefügt: Lebensmittel, die den nunmehr erweiterten Kennzeichnungsvorschriften nicht entsprachen, durften noch bis zum 24. November 2005 nach den vormaligen Vorschriften gekennzeichnet werden und auch nach dem 24. November 2005 noch bis zum Aufbrauchen der Bestände in Verkehr gebracht werden.

1.5.12.2 Ziel
Im Rahmen des Untersuchungsprogramms sollte untersucht werden, inwieweit die Kennzeichnung von Wurstwaren hinsichtlich der potentiell Allergien auslösenden Stoffe Soja, Gluten und/oder Milcheiweiß (Casein und β-Lactoglobulin) den oben genannten gesetzlichen Vorgaben entspricht.

1.5.12.3 Ergebnisse
Im Rahmen dieses Untersuchungsprogramms analysierten 21 Institutionen insgesamt 662 Proben von 171 verschiedenen Wurstsorten. Die Proben wurden – in unterschiedlichem Umfang – auf Casein, Gluten, ß-Lactoglobulin, Milchprotein und/oder Soja untersucht. Diese Analysen waren bei durchschnittlich 5 % der Proben positiv (Tab. 1-5-12-1). Für Gluten (21 Proben)

Tab. 1-5-12-1 Nachweis der potentiell allergenen Stoffe Casein, Gluten, β-Lactoglobulin, Milchprotein bzw. Soja in Wurstwaren (Gesamtanzahl der Proben, die zur Verfügung standen: 662).

potentiell allergener Stoff	Anzahl der Proben	Qualitativ positive Proben	Quantitativ positive Proben
Casein	455	33 (7,2 %)	46
Gluten	529	20 (3,7 %)	22
β-Lactoglobulin	227	15 (6,6 %)	
Milchprotein	293	21 (7,1 %)	1
Soja	426	5 (1,1 %)	

Tab. 1-5-12-2 Gehalt der beprobten Wurstwaren an den potentiell allergenen Stoffen Gluten bzw. Casein.

potentiell allergener Stoff	Anzahl der Proben	Minimum (mg/kg)	Mittelwert (mg/kg)	Median (mg/kg)	90. Perzentil (mg/kg)	Maximum (mg/kg)
Gluten	22	9,8	49,9	26,0	131,0	218,0
Casein	46	0,6	31,9	4,2	35,5	652,5

[3] KIGGS wurde durchgeführt vom Robert Koch-Institut, http://www.kiggs.de

und Casein (42 Proben) wurde der jeweilige Gehalt auch quantifiziert (Tab. 1-5-12-2).

1.5.12.4 Literatur

BfR (2006) Allergien durch verbrauchernahe Produkte und Lebensmittel. Stellungnahme Nr. 001/2007 des BfR vom 27. 09. 2006.
LMKV (2004) 3. Verordnung zur Änderung der Lebensmittelkennzeichnungsverordnung.

1.5.13 Untersuchung von Obst-, Gemüse- und Pilzerzeugnissen auf Zusatzstoffe (Konservierungsstoffe, Süßstoffe und/oder Farbstoffe) unter besonderer Berücksichtigung von Produkten aus osteuropäischen Ländern

1.5.13.1 Ausgangssituation

Im Rahmen der routinemäßigen Untersuchung von Obst-, Gemüse- und Pilzerzeugnissen wurden häufig Zusatzstoffe festgestellt, die nach der Zusatzstoffzulassungsverordnung (ZZulV, 2005) nicht für diesen Verwendungszweck zugelassen

sind. Zum Teil wurden auch Zusatzstoffe in Erzeugnissen vorgefunden, in denen sie üblicherweise nicht zu erwarten sind, z. B. Konservierungsstoffe in Konserven. Daher sollte die Überwachung in diesem Bereich verstärkt werden.

1.5.13.2 Ziel

Das Ziel dieses Überwachungsprogramms sollte es sein, einen Überblick über die in Obst-, Gemüse- und Pilzerzeugnissen verwendeten Zusatzstoffe zu erhalten, um das Analysenspektrum gegebenenfalls anpassen zu können.

1.5.13.3 Ergebnisse

An diesem Untersuchungsprogramm beteiligten sich 19 Institutionen mit insgesamt 531 Proben von 126 verschiedenen Obst-, Gemüse- bzw. Pilzerzeugnissen. Diese wurden (in unterschiedlicher Probenzahl) auf 45 verschiedene Zusatzstoffe hin untersucht (Tab. 1-5-13-1). Acht von diesen 45 Zusatzstoffen konnten in einigen der beprobten Obst-, Gemüse- bzw. Pilzerzeugnisse identifiziert werden; der jeweilige prozentuale Anteil an positiven Proben ist sehr unterschiedlich und liegt im Bereich von

Tab. 1-5-13-1 Untersuchung von Obst-, Gemüse- und Pilzerzeugnissen auf verschiedene Zusatzstoffe (* natürlicher Ursprung nicht ausgeschlossen).

Zusatzstoff	Anzahl der Proben	Anzahl der positiven Proben	Zusatzstoff	Anzahl der Proben	Anzahl der positiven Proben
Acesulfam-K E 950	266	3	p-Hydroxybenzoesäurepropylester E 216	96	
Allurarot AC E 128 CI 16035	40		Indigotin I E 132 CI 73015	40	
Amaranth E 123 CI 16185	49		Karmin echtes E 120 CI 75470	20	
Aspartam E 951	237		Kurkumin E 100 CI 75300	3	
Azorubin E 122 CI 14720	49		Orange GGN E 111 CI 15980	1	
Benzoesäure E 210	345	19*	Patentblau V E 131 CI 42051	40	
Brillantblau FCF E 133 CI 42090	40		Pararot CI 12070	7	
Brillantgrün BS Grün S E 142 CI 44090	38		Pigment Red 3 CI 12120 Hansarot B Toluidinrot	6	
Brillantschwarz BN E 151 CI 28440	37		Ponceau 6 R E 126 CI 16290	28	
Butter Yellow, Dimethylgelb CI 11020	6		Riboflavin Vitamin B2 E 101	16	
Chinolingelb E 104 CI 47005	45		Rot 2 G E 128 CI 18050	38	
Chryosin S E 103 CI 14270	1		Saccharin E 954	272	22
Cochenillerot A E 124 CI 162555	50	1	Scharlach GN E 125 CI 14815	28	
Cyclamat E 952	74	9	Schweflige Säure berechnet als SO$_2$ (E 220)	163	84
Echtgelb E 105 CI 13015	1		Sorbinsäure E 200	363	29
Erioorange II CI 15510	24		Sorbit E 420	1	1
Erythrosin E 127 CI 45430	49		Sudan I CI 12055	8	
Farbstoffe künstliche	17		Sudan II CI 12140	8	
Farbstoffe und Vorprodukte	15		Sudan III CI 26100	8	
Gelborange S E 110 CI 15985	45		Sudan IV CI 26105	7	
p-Hydroxybenzoesäureethylester E 214	164		Sudanorange G CI 11920	7	
p-Hydroxybenzoesäuremethylester E 218	187		Sudanrot G CI 12150	6	
			Tartrazin E 102 CI 19140	45	

Tab. 1-5-13-2 Quantitative Erfassung der in Obst-, Gemüse- und Pilzerzeugnissen nachgewiesenen Zusatzstoffe (siehe Tab. 1-5-13-1).

Zusatzstoff	Anzahl der Proben	Minimum (mg/kg)	Mittelwert (mg/kg)	Median (mg/kg)	90. Perzentil (mg/kg)	Maximum (mg/kg)
Acesufam-K E 950	3	19	31	35	39	40
Benzoesäure E 210	19	6	282	145	857	1.051
Cochenillerot A E 124 Cl 16255	1	6				6
Cyclamat E 952	9	126	434	429	722	814
Saccharin E 954	22	6	53	41	93	129
Schweflige Säure berechnet als SO2 (E 220)	84	6	764	471	1.868	2.743
Sorbinsäure E 200	29	10	253	144	745	884
Sorbit E 420	1	25.500				25.500

1 bis 50 %. Legt man das erklärte Ziel dieses Untersuchungsprogramms zugrunde, so müsste das Analysenspektrum zur Überwachung diese acht Zusatzstoffe mit erfassen können.

Die quantitative Erfassung der in den beprobten Obst-, Gemüse- und Pilzerzeugnissen nachgewiesenen Zusatzstoffe wird in Tab. 1-5-13-2 gezeigt, kann jedoch aufgrund der im Einzelfall zu geringen Probenzahl nicht verallgemeinert werden. Grundsätzlich ist aber beachtenswert, dass fünf der acht identifizierten Zusatzstoffe mit einem durchschnittlichen Gehalt in den beprobten Obst-, Gemüse- und Pilzerzeugnissen nachzuweisen war, der – je nach Zusatzstoff – im Bereich zwischen 31 mg/kg und 764 mg/kg liegt; mit 26 g/kg Sorbit liegt die Einzelprobe (es wurde Pflaumenmus beprobt) zwar weit außerhalb dieses Bereiches, ist aber typisch für Pflaumen und Produkte aus Pflaumen.

In Tab. 1-5-13-3 sind die Herkunftsstaaten aufgeführt, aus denen die beprobten Obst-, Gemüse- und Pilzerzeugnisse stammen, in denen die in Tab. 1-5-13-1 aufgeführten Zusatzstoffe identifiziert worden sind. In Anbetracht der nicht hinreichenden Probenzahl von Produkten aus nur drei osteuropäischen Staaten (Bulgarien, Polen und Russische Förderation) sind Mutmaßungen über das Vorhandensein von Zusatzstoffen in Obst-, Gemüse- und Pilzerzeugnissen aus Osteuropa aufgrund der vorliegenden Untersuchung nicht möglich.

1.5.13.4 Literatur

ZZulV (2005) Verordnung über die Zulassung von Zusatzstoffen zu Lebensmitteln zu technologischen Zwecken (Zusatzstoff-Zulassungsverordnung) vom 29.01.1998 (BGBl. I, S. 230), zuletzt geändert durch Verordnung vom 20.01.2005 (BGBl. I, Nr. 5, S. 128).

1.5.14 Bestimmung von Ethylcarbamat (EC) in Steinobstbränden (auch Erzeugnisse aus anderen EU-Mitgliedstaaten)

1.5.14.1 Ausgangssituation

Ethylcarbamat kommt von Natur aus in fermentierten Lebensmitteln sowie in alkoholischen Getränken wie z. B. Brot, Sojasoße, Joghurt, Wein, Bier, Spirituosen und insbesondere in Steinobstbränden vor. Eine Reihe von Vorläufersubstanzen in Lebensmitteln und Getränken, wie z. B. Blausäure, Harnstoff

und Ethanol, können während der Lebensmittelverarbeitung und -lagerung zur Bildung von Ethylcarbamat führen (Baumann und Zimmerli, 1986; Christoph et al., 1987; Lachenmeier et al., 2005).

Im Fall von Steinobstbränden setzt sich die im Destillat befindliche Blausäure, in freier oder in an andere Destillatinhaltstoffe gebundener Form, mit Ethylalkohol unter Beteiligung von Benzaldehyd, welches ebenfalls ein aromagebender Inhaltsstoff der Fruchtsteine ist, in Ethylcarbamat um. Diese Reaktion wird erst durch den Einfluss von Licht induziert. Ist ein Destillat erst einmal dem Licht ausgesetzt und die Reaktionsfolge in Gang gesetzt worden, so läuft diese so lange ab, wie sich noch Blausäure im Destillat befindet, auch wenn das Destillat nachträglich dunkel gelagert wird (BfR, 2006).

Ethylcarbamat ist bei Tieren genotoxisch, ein Multisite-Karzinogen und bei Menschen wahrscheinlich karzinogen. In der Beurteilung des JECFA (gemeinsamer FAO/WHO-Sachverständigenausschuss für Lebensmittelzusatzstoffe) aus dem Jahr 2005 wird die Schlussfolgerung gezogen, dass Lebensmittel generell eine Belastung von weniger als 1 μg/Person pro Tag ausmachen, und dieser Wert wurde in Berechnungen zur Expositionsabschätzung verwendet (EFSA, 2007).

Der EFSA liegen in Bezug auf EC über 33 000 Analysenergebnisse für alkoholische Getränke vor. Fast 93 % der Bierproben, 42 % der Weinproben, jedoch weniger als 15 % der Spirituosenproben lagen unter der Nachweisgrenze. Es wurden mediane Konzentrationen von Ethylcarbamat in alkoholischen Getränken von bis zu 5 μg/L für Bier und Wein, 22 μg/L für andere Spirituosen als Obstbrände und 260 μg/L für Obstbrände berechnet. Diese Daten ergaben eine geschätzte ernährungsbedingte Exposition von 17 ng/kg Körpergewicht pro Tag (JECFA, 2005) durch Lebensmittel für eine 60-kg-Durchschnittsperson, die keinen Alkohol konsumiert, während die Exposition bei Konsumenten verschiedener alkoholischer Getränke auf bis zu 65 ng/kg Körpergewicht steigen würde. Die höchste Belastung mit EC ist bei Personen, die überwiegend Obstbrände konsumieren, mit einer Verbrauchsmenge am 95. Perzentil von 558 ng/kg Körpergewicht pro Tag zu erwarten (EFSA, 2007).

Es sollten Maßnahmen getroffen werden, um die Konzentration von Ethylcarbamat in bestimmten alkoholischen Getränken wie z. B. Obstbränden zu senken. Diese Maßnahmen

Tab. 1-5-13-3 Herkunftsstaaten der Obst-, Gemüse- bzw. Pilzerzeugnisse, in deren Proben die in Tab. 1-5-13-1 aufgeführten Zusatzstoffe identifiziert worden sind.

	Acesulfam-K E 950	Benzoesäure E 210	Cochenilletot A E 124 Cl 16255	Cyclamat E 952	Saccharin E 954	Schweflige Säure berechnet als SO2 (E 220)	Sorbinsäure E 200	Sorbit E 420	Gesamtprobenzahl
Bulgarien		2					5		7
China						3			3
Deutschland	1	2	1	9	16	53	9	1	92
Griechenland	1					1			2
Iran						1			1
Italien	1					2			3
Japan							1		1
Niederlande						1			1
Österreich					1				1
Polen	1	1				3			5
Russische Förderation							1		1
Saudi-Arabien							1		1
Südafrika	1						1		2
Taiwan	1								1
Thailand	1				1				2
Türkei	4					18	6		28
Vietnam	1								1
Herkunft unbekannt	4				1	4	6		15

Tab. 1-5-14-1 Herkunft der untersuchten Steinobstbrände.

Herkunftsstaat	Anzahl der Proben	Anzahl der positiven Proben
Deutschland	324	259
Frankreich	37	34
Kroatien	5	5
Italien	3	3
Österreich	8	8
Schweiz	1	1
Ungarn	2	2
ohne Angabe	22	17
Gesamt	**402**	**329**

sollten sich auf Blausäure und andere Vorstufen von Ethylcarbamat konzentrieren, um die Bildung von Ethylcarbamat während der Lagerzeit dieser Produkte zu verhindern.

1.5.14.2 Ziel

Der EG Sachverständigenausschuss „Industrie- und Umweltkontaminanten" hat auf seiner Sitzung am 18.03.2005 angeregt, den Diskussionsprozess zur Reduzierung des Ethylcarbamat-Gehaltes in Lebensmitteln, insbesondere in alkoholischen Getränken, zu eröffnen. Dieses Untersuchungsprogramm sollte die dafür notwendige umfassende Datenerhebung schaffen.

1.5.14.3 Ergebnisse

An diesem Untersuchungsprogramm haben sich zehn Institutionen mit insgesamt 402 Proben beteiligt. Aus Tab. 1-5-14-1 ist ersichtlich, aus welchen Staaten diese untersuchten Steinobstbrände stammten und wie viele der genommenen Proben positiv ausgefallen sind. Auch aufgrund der sehr unterschiedlichen Anzahl an Proben aus den sieben Herkunftsstaaten ist ein Zusammenhang zwischen EC-Belastung der Steinobstbrand-Proben nicht erkennbar. Werden die Proben nach der Steinobstbrand-Sorte aufgeschlüsselt (Tab. 1-5-14-2), so ist der hohe Prozentsatz an EC-belasteten Proben bei allen untersuchten Steinobstbränden augenfällig. Allerdings unterscheiden sich die vier näher untersuchten Steinobstbrände deutlich. Während neun Proben der Aprikosenbrände einen EC-Gehalt von weniger als 0,4 mg/l und nur eine Probe einen EC-Gehalt zwischen 0,4 bis 0,8 mg/l aufweisen, liegt der EC-Gehalt bei den Kirschbrand-Proben deutlich höher mit 16 Proben im Bereich zwischen 0,4 und 0,8 mg/l, 17 Proben im Bereich zwischen 0,8 und 1,6 mg/ml und schließlich 19 Proben im Bereich über 1,6 mg/ml; dazu passt der hohe maximale Einzelwert von 8,6 mg/l einer Kirschbrandprobe. Dagegen zeigen die Proben von Mirabellenbränden und Pflaumenbränden ein nicht so hohes EC-Gehalt-Niveau. Nahezu jeweils 50 % der Proben dieser beiden Steinobstbrände haben einen EC-Gehalt aus dem Bereich zwischen 0,4 und 0,8 mg/l; beinahe jeweils 25 % der übrigen Proben dieser beiden Steinobstbrände entfallen auf den Bereich zwischen 0,8 und 1,6 mg/l bzw. auf den Bereich über 1,6 mg/l. Auch die maximalen Werte für den EC-Gehalt von Einzelproben von Mirabellenbränden und Pflaumenbränden liegen mit 2,6 mg/l bzw. 3,5 mg/l zusammen deutlich abgesetzt von dem maximalen Wert des EC-Gehalts 8,6 mg/l eines Kirschbrandes, aber beide liegen wiederum deutlich über dem maximalen EC-Gehalt von 0,800 mg/l einer Aprikosenbrand-Probe. Im Wesentlichen bestätigen diese Ergebnisse die Untersuchungen von Weltring et al. (2006).

Es ist nun die Frage zu diskutieren, wie aufgrund dieser differenzierten Datenbasis für den EC-Gehalt von Steinobstbränden Regelungen entwickelt werden können, um das angestrebte Ziel – Reduzierung des Ethylcarbamat-Gehalts insbesondere in alkoholischen Getränken – zu erreichen.

Tab. 1-5-14-2 Gehalt an Ethylcarbamat (EC) in vier verschiedenen Gruppen von Steinobstbränden unterschiedlicher Herkunft (siehe Tab. 1-5-14-1).

	Anzahl der Proben	Anzahl der positiven Proben	Gehalt an Ethylcarbamat (EC) (mg/l)				
			Mittelwert	>0,4-0,8	>0,8-1,6	>1,6	max. Wert
				Anzahl			
Aprikosenbrand	12	10	0,3	1	0	0	0,8
Kirschbrand	142	125	0,8	16	17	19	8,6
Mirabellenbrand	66	56	0,5	9	6	5	2,6
Pflaumenbrand	159	126	0,4	20	8	9	3,5
Sonstige	23	12	0,1	1	0	0	0,5

1.5.14.4 Literatur

Baumann, U. und Zimmerli, B. (1986) Entstehung von Urethan (Ethylcarbamat) in alkoholischen Getränken. Schweiz. Zeitschrift für Obst- und Weinbau 122:602-607.

BfR (2006) Maßnahmen zur Reduzierung von Ethylcarbamat in Steinobstbränden. http://www.bfr.bund.de

Christoph, N., Schmitt, A. und Hildenbrand, K. (1987) Ethylcarbamat in Obstbranntweinen (Teil 1). Alkohol-Industrie 15:347-354.

EFSA (2007) Opinion of the Scientific Panel on Contaminants in the Food chain on a request from the European Commission on ethyl carbamate and hydrocyanic acid in food and beverages. The EFSA J 551:1-44.

JECFA (2005) Joint FAD/WHO Expert Committee on Food Additives, 64. Meeting, Rome, 8-17 February 2005.

Lachenmeier, D. W., Schehl, B., Kuballa, T., Frank, W. und Senn, T. (2005) Retrospective trends and current status of ethyl carbamate in German stonefruit spirits. Food Addit Contam 22:397-405.

Weltring, A., Rupp, M., Arzberger, U., Rothenbücher, L., Koch, H., Sproll, C. und Lachenmeier, D. W. (2006) Ethylcarbamat: Auswertung von Fragebögen zur Erhebung von Steinobstbränden bei Kleinbrauereien. Deutsche Lebensmittel-Rundschau, 102. Jahrgang, Heft 3, S.97-101

1.5.15 Erhöhter Wassergehalt in Kochschinken (Formschinken und gewachsener Schinken)/unzulässiger Zusatz von Fremdeiweiß

1.5.15.1 Ausgangssituation

Die EU-Kommission wies im September 2004 die Mitgliedstaaten auf das Verbot des Einsatzes von Stoffen hin, die der Wasserrückhaltung dienen; in frischem Geflügelfleisch wurden diese Stoffe offensichtlich eingesetzt und dieses behandelte Geflügelfleisch war anschließend in den Verkehr gebracht worden, da bei Überprüfungen diese Stoffe vermehrt z. B. in Hühnerbrustfilets nachgewiesen wurden.

Es gibt Hinweise, dass Stoffe, die der Wasserrückhaltung dienen, auch Formschinken und gewachsenem Schinken zugesetzt werden. Für Schweinefleisch ist gemäß § 4 (1) der Fleisch-Verordnung (1982) der Zusatz von Stoffen verboten, die als Wasserbinder identifiziert wurden.

Mit den gängigen Methoden lässt sich der Zusatz von Fremdeiweiß, nicht jedoch der Zusatz eines hochmolekularen Schweineproteins zu Kochschinken nachweisen. Zwar bestehen nach den vorliegenden Erfahrungen der Lebensmitteluntersuchungsämter die eingesetzten Präparate zumeist aus

Tab. 1-5-15-1 Anzahl der Proben aus verschiedenen, relevanten Warengruppen zur Überprüfung auf einen möglicherweise erhöhten Wassergehalt (Art der Behandlung: 1 = gegart; 2 = ungeräuchert; 3 = gepökelt; 4 = geformt; 5 = geräuchert).

Warengruppe	Anzahl der Proben
Formfleischschinken Schwein aus Schinkenteilen zusammengesetzt (1, 3)	15
Formfleischvorderschinken aus Vorderschinkenteilen zusammengesetzt (3)	47
Gewürzschinken (1, 3, 4, 5)	3
Kaiserfleisch	4
Kochschinken Hinterschinken (1, 2, 3, 4)	523
Kochschinken Hinterschinken (1, 3, 4, 5)	182
Kochschinken Vorderschinken (1, 2, 3, 4)	130
Kochschinken Vorderschinken (1, 3, 4, 5)	22
Pökelwaren Schwein (1, 5)	52
Pökelwaren Schwein (1, 2)	396
Rollschinken Schwein (1, 2, 3)	2
Schinkenimitat Schwein (1, 2)	11
Schweinshaxen (1, 3, 5)	3
Wacholderschinken (1, 3, 5)	1
Summe:	**1.391**

bindegewebsreichem Material, das wenigstens teilhydrolisiert ist (sodass deren Einsatz einen positiven Befund bei den Kollagenabbauprodukten ergibt), aber es wurden auch hochmolekulare bindegewebsreiche Pulver vorgefunden.

Es liegen zu dieser Problematik Untersuchungsergebnisse der Bundesanstalt für Fleischforschung an Modellproduktionen Kochschinken aus gründlich von Fett- und Bindegewebe befreiten Ober- und Unterschalen vor. Hier ergaben sich lediglich relativ kleine Schwankungen des Gehaltes an BEFFE im Fleischeiweiß. Die Werte bei 163 Proben schwankten zwischen 95,4 bis 99,2%, der Mittelwert lag bei 97,0% ± 0,6%. Nur in 1,8% der Proben lag der Gehalt an BEFFE im Fleischeiweiß unter 96% und nur in 4% der Proben über 98,0%. Schon relativ geringe Zusätze von Bindegewebspulver lassen eine deutliche Absenkung des Gehaltes an BEFFE im Fleischeiweiß erwarten (siehe hierzu auch Kirchhoff und Ziegelmann, 2007; Littmann-Nienstedt, 2007; Möllers, 2007).

1.5.15.2 Ziel

Um den oben genannten Hinweisen nachzugehen, sollten die Überwachungsmaßnahmen intensiviert werden. Mit den ermittelten Werten sollte überprüft werden, ob sich der Gehalt an BEFFE im Fleischeiweiß in ausgesuchten optisch bindegewebsarmen und fettgewebsfreien Teilen des Kochschinkens eignet, Hinweise auf eine Verfälschung mit bindegewebseiweißreichem tierischen Material zu erhalten, auch wenn dieses hochmolekular ist. Damit würde dem Vorschlag der EU gefolgt werden, den Hydroxyprolingehalt in Geflügelbrustfleisch zur Prüfung auf „Wasserbinder" zu verwenden.

Nicht zuletzt aufgrund der Komplexität dieser Fragestellung sollten in diesem Fall mehrere Parameter nach der Probenahme erfasst werden (AVV BÜp, 2006). Vorgesehen waren die Bestimmung (a) des Fleischeiweiß im fettfreien Anteil – Gesamteiweiß, (b) BEFFE im Fleischeiweiß – Hydroxyprolin, (c) Wasser-Fleischeiweiß-Quotient bzw. Fremdwassergehalt, (d) Sojaeiweiß, (e) Stärke, (f) Casein und Molkeneiweiß, (g) freie Aminosäuren, (h) Eiweißhydrolysate – Nichtproteinstickstoff (NPN), (i) Eiweißhydrolysate aus bindegewebsreichem Material – Kollagenabbauprodukte, (j) Bindegewebspulver – injiziertes Bindegewebe, (k) BEFFE im Fleischeiweiß und (l) Zitronensäure als Indikator für Blutplasma.

1.5.15.3 Ergebnisse

Im Rahmen dieses Untersuchungsprogramms analysierten 20 Institutionen insgesamt 1.391 Proben aus 14 verschiedenen Warengruppen (Tab. 1-5-15-1).

Bei 399 Proben lag das Fleischeiweiß im fettfreien Anteil im Mittel bei 20 %, das 95. Perzentil bei 25 % und der maximale Wert bei 27 %.

Bei 42 Proben betrug der prozentuale Anteil von BEFFE im Fleischeiweiß im Mittel bei 95 % (95. Perzentil bei 98 %) und erreichte einen maximalen Wert von 98 %. Auf der Basis der Untersuchungsergebnisse der Bundesanstalt für Fleischforschung (min. Wert 95 %) liegt für 10 Proben Kochschinken der Verdacht auf unzulässigen Zusatz von Fremdeiweiß vor.

Bei 322 Proben lag der Wasser-Fleischeiweiß-Quotient im Mittel bei 4 (95. Perzentil bei 7) und erreichte einen maximalen Wert von 8. Der Fremdwassergehalt von 129 Proben lag im Mittel bei 12 g/100 g (95. Perzentil bei 30 g/100 g) und erreichte einen maximalen Wert von 35 g/100 g.

Bei 9 Proben war das Sojaeiweiß im Mittel mit 1,5 g/100 g vorhanden (95. Perzentil bei 2 g/100 g) und erreichte einen maximalen Wert von 2 g/100 g.

46 Proben erwiesen sich im Hinblick auf Stärke als positiv; ihr Stärkegehalt lag im Mittel bei 7,5 g/100 g (95. Perzentil bei 20 g/100 g) und erreichte einen maximalen Wert von 27 g/100 g.

14 Proben erwiesen sich im Hinblick auf Casein als positiv; ihr Caseingehalt lag im Mittel bei 834 mg/kg (95. Perzentil bei 6 g/kg) und einem maximalen Wert von 6 g/kg. Bei 7 Proben konnte Molkeneiweiß nachgewiesen werden; es lag im Mittel mit einem Gehalt von 3 mg/kg vor (95. Perzentil bei 5 mg/kg) und erreichte einen maximalen Wert von 5 mg/kg.

Von den relevanten Aminosäuren lagen Ergebnisse für den Gehalt an Alanin, Lysin sowie Carnosin vor. Der Gehalt an Alanin lag bei 259 Proben im Mittel bei 276 mg/kg (95. Perzentil bei 438 mg/kg) und erreichte einen maximalen Wert von 1 g/kg. Der Gehalt an Lysin lag bei 245 Proben im Mittel bei 312 mg/kg (95. Perzentil bei 343 mg/kg) und erreichte einen maximalen Wert von 9 g/kg. Der Gehalt an Carnosin lag bei 167 Proben im Mittel bei 4 g/kg (95. Perzentil bei 6 g/kg) und erreichte einen maximalen Wert von 7 g/kg. Freie Aminosäuren in Zusatzmengen oberhalb des Grenzwertes der Aroma-Verordnung (zulässig sind 300 bzw. 500 mg/kg Enderzeugnis) sind auffällig; bei Einhaltung des Grenzwertes ergäbe sich keine signifikante Erhöhung des Gesamteiweißgehaltes, also keine Verfälschung. Jedoch ist bekannt, dass zum Beispiel Glycin und Lysin als „Phosphatersatz" zuweilen in höheren Konzentrationen im Enderzeugnis gefunden werden.

Bei 537 Proben lag der Gehalt an Nichtproteinstickstoff (NPN) im Mittel bei 2 % (95. Perzentil bei 3 %) und erreichte als maximalen Wert 4 %.

Im Hinblick auf Kollagenabbauprodukte wurden 68 Proben identifiziert, deren durchschnittlicher Gehalt 0,8 mg/kg betrug (95. Perzentil bei 1 mg/kg) und als maximalen Wert 1 mg/kg erreichte.

1.5.15.4 Literatur

AVV BÜp (2006) Allgemeine Verwaltungsvorschrift über den bundesweiten Überwachungsplan für das Jahr 2006 (AVV Bundesweiter Überwachungsplan 2006 – AVV BÜp 2006). GMBl Nr. 34/35, S.642-692.

Fleisch-Verordnung (1982) Fleisch-Verordnung in der Fassung der Bekanntmachung vom 21. Januar 1982 (BGBl I, S. 89).

Kirchhoff, H. und Ziegelmann, B. (2007) Geflügelfleisch mit Flüssigwürzung – Verbrauchererwartung und Herstellungspraxis. J Verbr Lebensm 2:457.

Littmann-Nienstedt, S. (2007) Verkehrsauffassung von küchenfertig zubereiteten Geflügelfleischerzeugnissen. J Verbr Lebensm 2:458-459.

Möllers, M. (2007) Beitrag zur Ermittlung des Flüssigwürzezusatzes in Geflügelfleischerzeugnissen. J Verbr Lebensm 2:460-462.

1.6

Untersuchung von Lebensmitteln auf Mikroorganismen[*]

1.6.1 Mikrobieller Status von Früchte- und Kräutertees

1.6.1.1 Ausgangssituation

Anfang des Jahres 2003 traten vermehrt Fälle von Erkrankungen durch *Salmonella agona* bei Kleinkindern auf. Es stellte sich heraus, dass die Mehrheit der Kinder Aufgüsse von Fenchel-Anistee-Mischungen getrunken hatten. Im Folgenden wurden in mehreren anderen Kräutertees Salmonellen nachgewiesen. Die Kontrolle sollte daher systematisch auf weitere Teesorten ausgedehnt werden.

Samonellosen, d.h. von Samonellen ausgelöste Erkrankungen des Menschen, sind zumeist lebensmittelbedingte

---

[*] Verwendete Richt- und Warnwerte der GHM sind lebensmittelrechtlich unverbindlich.

Tab. 1-6-1-1 Überprüfung von Früchte- und Kräutertees auf Kontamination mit Salmonellen.

Teesorte	Gesamtzahl der Proben	Anzahl der positiven Proben
Apfeltee	5	0
Aromatisierter Tee unfermentiert	2	0
Aromatisierter Tee fermentiert	1	0
Aromatisierte teeähnliche Erzeugnisse	26	0
Aromatisierter Tee-Extrakt unfermentiert	1	0
Brombeerblättertee	1	0
Fencheltee und Fencheltee-Extrakt	22	0
Früchtetee	100	0
Hagebuttentee	2	0
Hibiskusblütentee	1	0
Himbeerblättertee	1	0
Kamillenblütentee	8	0
Kräutertee	72	0
Lindenblütentee	1	0
Mischungen teeähnlicher Erzeugnisse	48	0
Pfefferminzblättertee	7	0
Rooibostee	5	0
Tees und teeähnliche Erzeugnisse	34	1
Tees unfermentierte oder halbfermentiert	3	0
Tee schwarz oder schwarz entcoffeiniert	12	0
Tee schwarz entcoffeiniert	1	0
Zubereitungen aus Lebensmitteln mit Extrakten aus teeähnlichen Erzeugnissen	1	0
Zubereitung mit Extrakten aus teeähnlichen Erzeugnissen für Babys und Kleinkinder	1	0
Gesamt	**355**	**1**

Erkrankungen und treten weltweit als sporadische Fälle, Familienerkrankungen oder als Epidemien auf. In Deutschland erkrankten im Jahr 2004 ca. 57.000 und im Jahr 2005 ca. 52.200 Menschen an einer gesicherten Salmonellen-Infektion. Im Jahr 2004 wurden 52 bestätigte Todesfälle im Zusammenhang mit einer solchen Infektion gemeldet. Das Nationale Referenzzentrum für Salmonellen und andere Enteritidis-Erreger schätzt, dass nur etwa 10 % der tatsächlich vorkommenden Erkrankungsfälle gemeldet werden (Malorny et al., 2007).

1.6.1.2 Ziel

Im Rahmen dieses Untersuchungsprogramms sollten Früchte- und Kräutertees insbesondere solche, die von Kleinkindern konsumiert werden, auf *Salmonella*-Spezies überprüft werden. Dabei kann es von Bedeutung sein, die jeweiligen Herkunftsländer zu erfassen, um herkunfts- und/oder anbaubezogene mikrobielle Risiken ermitteln zu können. Daher sollte bei den Probenahmen bei Herstellern und Importeuren, aber auch in Teeläden, die lose Tees verpacken und verkaufen, und bei der anschließenden Analyse auf mikrobielle Belastung zur Ursachenermittlung besonders auf auffällige Produkte mit hoher bzw. auffällig geringer mikrobieller Kontamination geachtet werden.

1.6.1.3 Ergebnisse

An diesem Untersuchungsprogramm beteiligten sich 13 Institutionen mit insgesamt 355 Proben aus 27 verschiedenen Warengruppen (Tab. 1-6-1-1). Nur 1 Probe davon – aus der Warengruppe „Tees und teeähnliche Erzeugnisse" – war mit Salmonellen kontaminiert. Eine Angabe über die Höhe der Kontamination liegt nicht vor.

1.6.1.4 Literatur

Malorny, B., Anderson, A. und Huber, I. (2007) *Salmonella* real-time PCR-Nachweis. J Verbr Lebensm 2:149–156.

1.6.2 Sensorik und mikrobieller Status von vakuumverpacktem oder unter Schutzatmosphäre verpacktem Fisch (mit dem Schwerpunkt auf Lachs) bei Erreichen des Mindesthaltbarkeitsdatums (MHD)

1.6.2.1 Ausgangssituation

Lachs, Forellen und Matjes-Hering werden z. T. vakuumverpackt oder unter Schutzatmosphäre verpackt im Handel angeboten. Durch diese Art der Verpackung soll bei entsprechender Lagerung u. a. die Verkaufbarkeit des Produktes bis zum angegebenen Mindesthaltba rkeitsdatum erreicht werden. In der Vergangenheit wurden allerdings beim Erreichen des angegebenen Mindesthaltbarkeitsdatums in einigen Proben von vakuumverpackten oder unter Schutzatmosphäre verpacktem Fisch erhöhte Keimzahlen pathogener Mikroorganismen festgestellt, wodurch der betreffende Fisch nicht mehr zum Verzehr geeignet war. Diese Fragestellung betrifft also den Gesundheitsschutz.

1.6.2.2 Ziel

Vorrangiges Ziel dieses Untersuchungsprogramms sollte es sein, den Nachweis zu führen, ob aufgrund des mikrobiellen Status von vakuumverpacktem oder unter Schutzatmosphäre verpacktem Fisch bei Erreichen des angegebenen Mindesthaltbarkeitsdatums (MHD) die deklarierte Haltbarkeitsfristen angemessen und sachgerecht sind. Es war daher vorgesehen, derart verpackte Warenproben von Lachs, Forellen und Matjes am Ende ihres MHD auf sensorische Abweichungen, Gesamtkeimzahl, *Listeria monocytogenes* und Enterobacteriaceen zu untersuchen. Eine Ausweitung der Analyse auf *Escherichia coli*, koagulase-positive Staphylokokken und Salmonellen wurde befürwortet.

Tab. 1-6-2-1-a Anzahl der Proben aus verschiedenen Warengruppen von Fischprodukten (vakuumverpackt oder unter Schutzatmosphäre verpackt) zur Überprüfung der Sensorik und ihrem mikrobiellen Status bei Erreichen des Mindesthaltbarkeitsdatums.

Warengruppe	Proben-anzahl
Aal, geräuchert	2
Bückling	2
Fisch, roh, auch tiefgefroren, verzehrsfertig zubereitet	6
Fische, geräuchert	3
Fische und Fischzuschnitte	1
Fischerzeugnisse	79
Forelle, geräuchert	14
Forellenfilet, geräuchert	69
Lachsforelle, geräuchert	1
Heilbutt, geräuchert	3
Heringsfilet Matjesart in Öl, Präserve	1
Heringshappen, mariniert	2
Lachs (*Salmo salar*), Süßwasserfisch	4
Lachs, Filet	22
Lachs, Stück/Seite	2
Lachs, auch Stücke küchenmäßig vorbereitet, auch tiefgefroren	2
Lachs, Kotelett	1
Lachs, geräuchert	229
Lachsscheiben in Öl, Präserve	1
Graved Lachs	15
Pazifiklachs, Filet	1
Stremellachs	1
Makrele, geräuchert	5
Matjesfilet	1
Matjesfilet in Öl	16
Matjesfilet, Anchose	1
Matjesfilet Nordische Art, Anchose[4]	10
Matjesfilet Nordische Art, Präserve[5]	3
Matjesfilet in Öl, Anchose	2
Matjesfilet in Öl, Präserve	2
Rotbarsch, auch Stücke küchenmäßig vorbereitet, auch tiefgefroren	1
Scholle, auch Stücke küchenmäßig vorbereitet, auch tiefgefroren	1
Thunfisch (*Thunnus* p.), Seefisch	1
Thunfisch, Filet	2
Thunfisch, Scheibe	1
Thunfisch, geräuchert	7
Wels geräuchert	1
Gesamt	**511**

Tab. 1-6-2-1-b Akkumulierte Anzahl der Proben aus Tab. 1-6-2-1-a und Zuordnung zu den drei Warengruppen Räucherlachs, graved Lachs und „übrige Fische" (vakuumverpackt oder unter Schutzatmosphäre verpackt) zur Überprüfung ihres mikrobiellen Status bei Erreichen des Mindesthaltbarkeitsdatums.

Warengruppe	Proben-zahl
Räucherlachs	230
graved Lachs	15
„übrige Fische"	266
Gesamt	**511**

1.6.2.3 Ergebnisse

Im Rahmen dieses Untersuchungsprogramms analysierten 13 Institutionen insgesamt 511 Proben aus 38 Warengruppen (Tab. 1-6-2-1-a). Die Beanstandung aufgrund abweichender sensorischer Kriterien wie Geruch, Aussehen und Geschmack war gering (Tab. 1-6-2-2).

Einen ersten Überblick über den mikrobiellen Status der in Tab. 1-6-2-1-a aufgeführten Fischproben zum Zeitpunkt des Erreichens des Mindesthaltbarkeitsdatums gewährt die Tab. 1-6-2-3; hervorzuheben ist es, dass keine der Fischproben mit *Salmonella* spp. kontaminiert war.

Untersuchungsziel des Untersuchungsprogramms war es, den mikrobiellen Status der Fischwaren gemäß der relevanten Richt- und Warnwerten der DGHM zu bewerten (Tab. 1-6-2-4). Die Richtwerte der DGHM geben eine Orientierung, welche Keimzahlen bei sachgerechter Hygiene eingehalten werden können; Warnwertüberschreitungen hingegen weisen darauf hin, dass gegen elementare hygienische Prinzipien verstoßen wurde. Hier müssen dringend die Kontaminationsquellen (u. a. auch Lagerbedingungen) ermittelt werden, um größeren Schaden zu verhüten. Als erster Schritt zu diesem Bewertungsverfahren wurden die diversen Fischproben (Tab. 1-6-2-1-a) den beiden Warengruppen „Räucherlachs" und „graved Lachs" zugeordnet, die restlichen (sehr heterogenen) Fischproben wurden den „übrigen Fischen" zugeordnet (Tab. 1-6-2-1-b).

Die Bewertung des mikrobiellen Status der Fischproben nach den in Tab. 1-6-2-4 aufgeführten Kriterien ergibt folgendes Gesamtbild, wobei angemerkt sei, dass sich in der Gruppe „übrige Fische" nicht nur die nach den DGHM-Kriterien bewerteten „Seefische" befinden:

a) Erfreulicherweise können in keiner der Fischproben *Salmonella* spp. und Koagulase-positive Staphylokokken (und auch *E. coli*) oberhalb des Richtwertes der DGHM nachgewiesen werden.

---

[4] Anchosen sind Halbkonserven aus frischem, gefrorenem oder tiefgefrorenem Fisch, der roh durch mehrwöchiges Einlegen in Salz, Zucker, Kräuter und Gewürze in der Regel durch Verwendung von Salpeter enzymatisch gereift ist (Wikipedia).

[5] Präserven sind Lebensmittel-Konserven, deren Inhalt ohne Sterilisation durch Säuren oder chemische Konservierungsmittel nur bedingt haltbar gemacht werden (Wikipedia).

Sensorische Kriterien	Probenanzahl (gesamt)	Mit Abweichung von der Verkehrsauffassung	Ohne Abweichung von der Verkehrsauffassung
Geruch	417	7	410
Aussehen	417	3	414
Geschmack	417	9	408

Tab. 1-6-2-2 Sensorische Überprüfung eines Teils der in Tab. 1-6-2-1a aufgeführten Fischproben.

Tab. 1-6-2-3 Mikrobieller Status der in Tab. 1-6-2-1 aufgeführten Fischproben zum Zeitpunkt des Erreichens des Mindesthaltbarkeitsdatums.

mikrobieller Status	Probenanzahl (gesamt)	positive Proben
aerobe mesophile Gesamtkeimzahl	459	459
Listeria monocytogenes	506	22
Enterobacteriaceae	508	220
Escherichia coli	458	125
Koagulase-positive Staphylokokken	481	128
Salmonella spp.	375	0

Tab. 1-6-2-4 Richt- und Warnwerte der DGHM (KbE/g) in Bezug auf Gesamtkeimzahl (aerobe mesophile Keimzahl bei 30 °C) , *Listeria monocytogens*, *Enterobacteriaceae*, *E. coli*, koagulase-positive Staphylokokken sowie Salmonellen.

	Keimzahl (KbE/g)											
	Gesamtkeimzahl		L. monocytogenes		Entero-bacteriaceae		E. coli		Koagulasepositiv, Staphylokokken		Salmonellen	
	R	W	R	W	R	W	R	W	R	W	R	W
Räucherlachs	1x10^6	ns	ni/1g	1x10^2	1x10^4	1x10^5	1x10^1	1x10^2	1x10^2	1x10^3	ns	ni/25g
Graved Lachs	1x10$^{6\,(x)}$	ns	ni/1g	1x10^2	1x10^4	1x10^5	1x10^3	ns	1x10^2	1x10^3	ns	ni/25g
Seefische	5x10$^{5\,(xx)}$	ns	ns	1x10^2	1x10^4	1x10^5	1x10^1	1x10^2	ns	ns	ns	ni/25g

ns = nicht spezifiziert; ni/1 g = negativ in 1 g; ni/25 g = negativ in 25 g; (x) = mit Ausnahme von Milchsäurebakterien; (xx) = Die in diesem Untersuchungsprogramm angegebenen Richt- und Warnwerte der DGHM schließen ganz frische und gefrorene Seefische sowie daraus hergestellte handelsübliche Filetware ein; ausgenommen ist stärker zerkleinerte Ware (z. B. für die Verwendung als Sushi oder dünn geschnittene Filetscheiben-Slicerware).

b) Ein Anreiz zur Verbesserung der Hygienemaßnahmen sollten die Überschreitungen des Richtwertes der DGHM bei der Gesamtkeimzahl eines Teils der Fischproben sein; dies wird bestärkt durch die Kontamination eines Teils der Fischproben mit *Enterobacteriaceae* nicht nur über den Richtwert hinaus, sondern auch über den Warnwert hinaus.

c) Gravierender ist die Belastung mit *Listeria monocytogenes* von 9 Proben von Räucherlachs über den Warnwert hinaus zu bewerten; dies trifft in der gleichen Weise zu für 3 Proben von der Gruppe „übrige Fische".

Es gibt daher genug Anlass, eine Fortsetzung der Überwachungstätigkeit auf diesem Teilgebiet in Erwägung zu ziehen.

1.6.3 Mikrobieller Status von Teigwaren aus Kleinbetrieben

1.6.3.1 Ausgangssituation

Bei der handwerklichen Herstellung von Teigwaren in Kleinbetrieben können der Eintrag und die Vermehrung von pathogenen Mikroorganismen in mehreren Produktionsschritten erfolgen. Dies ist insbesondere dann der Fall, wenn rohe Eier im Produktionsraum aufgeschlagen werden und lediglich ein Vortrocknungsschritt bei 30 bis 40 °C erfolgt sowie keine geeigneten Maßnahmen ergriffen werden, um die Abtötung von pathogenen Mikroorganismen sicherzustellen. In Einzelfällen wurden in Teigwaren aus handwerklicher Herstellung pathogene Mikroorganismen nachgewiesen (*Salmonella* ssp., *Staphylococcus aureus*).

Für die Herstellung von Teigwaren liegen keine detaillierten Vorschriften zu ellungshygiene, Untersuchungsfrequenzen und Probenahmeplänen vor. Oftmals stellen die von der DGHM herausgegebenen Empfehlungen den einzigen „halb offiziellen" Katalog für die Beurteilung solcher Produkte dar.

Tab. 1-6-2-5 Bewertung des mikrobiellen Status von Proben von Räucherlachs, graved Lachs sowie einer Warengruppe „übrige Fische" (die nicht nur Seefische im Sinne der DGHM enthalten) nach den Kriterien der DGHM (siehe Tab. 1-6-2-4).

| | Anzahl der Proben | | | | | | | | | | | | | | | | | |
| | Gesamtkeimzahl | | | L. monocytogenes | | | Enterobacteriaceae | | | E. coli | | | Koagulase-positive Staphylokokken | | | Salmonella spp. | | |
	<m	>m, <M	>M	<m	>m, <M	>M	<m	>m, <M	>M	<m	>m, <M	>M	<m	>m, <M	>M	<m	>m, <M	>M
Räucherlachs	197	33	–	221	–	9	203	10	17	230	–	–	230	–	–	230	–	–
graved Lachs	13	2	–	15	–	0	15	–	–	15	–	–	15	–	–	15	–	–
„übrige Fische"	237	29	–	263	–	3	243	10	13	266	–	–	266	–	–	266	–	–

Tab. 1-6-3-1 Veröffentlichte Richt- und Warnwerte zur Beurteilung von rohen, getrockneten Teigwaren, z. T. überarbeitet von der Arbeitsgruppe Lebensmittelmikrobiologe und –hygiene der Deutschen Gesellschaft für Hygiene und Mikrobiologie (DGHM) (KbE = Kolonie bildende Einheiten).

	Richtwert (KbE/g)	Warnwert (KbE/g)
Salmonellen	–	n. n. in 25 g
Koagulase-positive Staphylokokken	1×10^4	1×10^5

Teigwaren werden zwar in der Regel für mehrere Minuten in kochendem Wasser erhitzt, sie werden jedoch insbesondere von Kindern gelegentlich auch roh verzehrt. Wenn rohe Teigwaren mit pathogenen Keimen belastet sind, so stellt der rohe Verzehr eine Gesundheitsgefährdung dar.

1.6.3.2 Ziel

Im Rahmen des Untersuchungsprogramms sollte überprüft werden, ob bei der handwerklichen Herstellung von Teigwaren durch geeignete Verfahren sichergestellt wird, dass keine pathogenen Mikroorganismen im Endprodukt enthalten sind. Insofern dient das Untersuchungsprogramm dem Gesundheitsschutz.

1.6.3.3 Ergebnisse

Im Rahmen dieses Untersuchungsprogramms analysierten 14 Institutionen insgesamt 307 Proben.

277 Proben wurden auf Kontamination mit Koagulase-positiven Staphylokokken getestet; davon wurden 25 Proben (8,8 %) als positiv identifiziert, von denen aber nur 16 Proben quantifiziert wurden. Mit 9, 2×10^4 KbE/g liegt das 95. Perzentil über dem Richtwert gemäß DGHM; ebenso liegt der max. Wert mit $1,3 \times 10^5$ KbE/g über dem entsprechenden Warnwert gemäß DGHM (Tab. 1-6-3-1). In Bezug auf diese Ergebnisse sollte eine weitere Überwachung von Teigwaren aus Kleinbetrieben nicht außer Acht gelassen werden.

303 Proben wurden auf Kontamination mit Salmonellen überprüft; davon erwiesen sich 4 Proben (1,3 %) als positiv; für eine Quantifizierung liegen keine Ergebnisse vor.

1.6.3.4 Literatur

Deutsche Gesellschaft für Hygiene und Mikrobiologie (DGHM) (2005) Veröffentlichte mikrobiologische Richt- und Warnwerte zur Beurteilung von Lebensmitteln; eine Empfehlung der Fachgruppe Lebensmittel-Mikrobiologie und Lebensmittelhygiene.

EU Verordnung (EG) Nr. 852/2004 des Europäischen Parlaments und Rates vom 29. April 2004 über Lebensmittelhygiene.

LMHV (2001) Lebensmittelhygiene-Verordnung vom 5. August 1997, zuletzt geändert am 21. Mai 2001.

1.6.4 Mikrobieller Status von Sahne in Aufschlagautomaten

1.6.4.1 Ausgangssituation

In der Gastronomie (Bäckereien, Konditoreien und Eisdielen) werden zum Aufschlagen von Schlagsahne in der Regel Automaten verwendet. In diesen Geräten kann es in Folge ungenügender oder fehlerhafter Reinigung - häufig kombiniert mit einer ungenügenden Kühlung und zu langen Lagerung – zu erheblichen Keimbelastungen kommen.

1.6.4.2 Ziel

Das Untersuchungsprogramm sollte daher aufklären, ob bei der Herstellung von Sahne in Aufschlagautomaten durch geeignete Verfahren und durch Überprüfung von deren Wirksamkeit sichergestellt wird, dass keine pathogenen Mikroorganismen und/oder hohe Keimzahlen von Mikroorganismen im Endprodukt enthalten sind. Dazu erschien die Untersuchung je einer Probe der Originalsahne, einer Probe der ungeschlagenen Sahne aus dem Automaten und einer Probe der geschlagenen Sahne auf sensorische Abweichungen, Gesamtkeimzahl, Enterobacteriaceen, koagulase-positive Staphylokokken und Salmonellen als sachgerecht. Es erschien angebracht, die Untersuchungen zusätzlich auch auf coliforme Keime und Pseudomonaden auszuweiten.

1.6.4.3 Ergebnisse[6]

Im Rahmen dieses Untersuchungsprogramms analysierten 11 Institutionen insgesamt 830 Proben, und zwar 341 Proben von Sahne im Originalgefäß, 197 Proben von ungeschlagener Sahne aus dem Automaten sowie 292 Proben von geschlagener Sahne (Tab. 1-6-4-1).

Ergebnisse zur sensorischen Prüfung wurden zu 203 Proben von Sahne im Originalgefäß verpackt gemeldet. Geschmackli-

che Abweichungen wurden bei 3 (1,5 %) der untersuchten Proben festgestellt. Eine der Proben fiel durch einen abweichenden Geruch auf. Bei der Prüfung von Proben ungeschlagener Sahne aus dem Automaten wurden vermehrt sensorische Abweichungen gemeldet. 48 % der 90 sensorisch getesteten Proben waren im Aussehen zu beanstanden, 8,9 % der Proben hatten einen abweichenden Geruch und 12 % der Proben hatten einen abweichenden Geschmack. Bei den sensorisch untersuchten Proben geschlagener Sahne (n = 173) war die Beanstandungsquote geringer: 13 % der Schlagsahneproben waren durch Abweichungen im Aussehen zu beanstanden, 5,2 % der Proben hatten einen abweichenden Geruch und 7,5 % der Proben waren geschmacklich abweichend.

Die mikrobiologische Bewertung der Sahneproben erfolgte im Rahmen dieses Untersuchungsprogramms gemäß

Tab. 1-6-4-2 Mikrobielle Belastung der Proben von originalverpackter Sahne.

	Probenanzahl gesamt	Positive Proben (Prävalenz in %)
Enterobacteriaceae	306	116 (37,9 %)
coliforme Keime	309	116 (37,5 %)
Escherichia coli	184	5 (2,7 %)
Salmonella spp.	172	0
Koagulase-positive Staphyolokokken	314	53 (16,9 %)
Pseudomonas spp.	313	131 (41,8 %)
Listeria spp.	17	0
Bacillus cereus	57	0
Hefen	57	4 (7,0 %)
Schimmelpilze	57	0

Tab. 1-6-4-1 Anzahl der Proben von Sahne im Originalgefäß verpackt, von ungeschlagener Sahne aus dem Automaten sowie von geschlagener Sahne.

Warengruppe	Proben-anzahl
Schlagsahne	300
Schlagsahne ultrahocherhitzt	31
Schlagsahne wärmebehandelt	10
Sahne im Originalgefäß verpackt	341
Schlagsahne	176
Schlagsahne ultrahocherhitzt	1
Schlagsahne wärmebehandelt	20
Sahne ungeschlagen aus dem Automaten	197
Sahne geschlagen ungezuckert	196
Sahne geschlagen gezuckert und/oder mit anderen Lebensmitteln	96
Sahne geschlagen	292
Gesamt	830

Tab. 1-6-4-3 Mikrobielle Belastung der Proben von ungeschlagener Sahne aus dem Automaten.

	Probenanzahl gesamt	Positive Proben (Prävalenz in %)
Enterobacteriaceae	154	21 (13,6 %)
coliforme Keime	163	31 (19,0 %)
Escherichia coli	12	2 (16,7 %)
Salmonella spp.	196	0
Koagulase-positive Staphylokokken	165	0
Pseudomonas spp.	160	31 (19,4 %)

---

[6] Grundsätzlich gelten die hier zur Bewertung von Sahne in mikrobieller Hinsicht gemäß den Richtlinien der Deutschen Gesellschaft für Hygiene und Mikrobiologie verwendeten Richt- und Warnwerte nur für geschlagene Sahne, werden hier aber zu Vergleichszwecken näherungsweise auch für die Bewertung ungeschlagener Sahne verwendet.

den Richtlinien der Deutschen Gesellschaft für Hygiene und Mikrobiologie (DGHM, 2005), wobei zusätzlich das Vorhandensein von Hefen und Schimmelpilzen berücksichtigt wurde (AG „Lebensmittelmikrobiologie", 1999) (Tab. 1-6-4-5). Folgende mikrobiologischen Ergebnisse wurden ermittelt (Tab. 1-6-4-6): Salmonellen wurden in keiner Probe nachgewiesen. Koagulase-positive Staphylokokken wurden in 16,9 % der Proben von originalverpackter Sahne und in 11,3 % der Proben von geschlagener Sahne nachgewiesen, nicht aber in den Proben der ungeschlagenen Sahne aus den Automaten; bei den mit Koagulase-positiven Staphylokokken kontaminierten Proben wurde jedoch der Richtwert der DGHM nicht überschritten (Tab. 1-6-4-6). In Bezug auf *Enterobacteriaceae*, coliforme Keime und *Pseudomonas* spp. ist die ungeschlagene Sahne im Automaten (Tab. 1-6-4-3) am geringsten und die geschlagene Sahne (Tab. 1-6-4-4) am stärksten belastet; im letzteren Fall nimmt auch die Kontamination mit Hefen stark zu. Sehr deutlich zeigt sich diese Tendenz auch in Bezug auf die Überschreitung von Richt- und Warnwerten: von ungeschlagener Sahne aus dem Automaten wurden bei 14 Proben der Richtwert für die aerobe

Tab. 1-6-4-4 Mikrobielle Belastung der Proben von geschlagener Sahne.

	Probenanzahl gesamt	Positive Proben (Prävalenz in %)
Enterobacteriaceae	237	184 (77,6 %)
coliforme Keime	253	203 (80,2 %)
Escherichia coli	131	9 (6,9 %)
Salmonella spp.	222	0
Koagulase-positive Staphylokokken	257	29 (11,3 %)
Pseudomonas spp.	256	188 (73,4 %)
Listeria spp.	25	0
Bacillus cereus	33	1 (3,0 %)
Hefen	82	26 (31,7 %)
Schimmelpilze	81	1 (1,2 %)

Tab. 1-6-4-5 Mikrobiologische Beurteilungskriterien für Sahne gemäß den Richtlinien der Deutschen Gesellschaft für Hygiene und Mikrobiologie (DGHM, 2005), wobei zusätzlich das Vorhandensein von Hefen und Schimmelpilzen berücksichtigt wird (AG „Lebensmittelmikrobiologie", 1999).

	Richtwert (KbE/g)	Warnwert (KbE/g)
Aerobe mesophile Keimzahl (einschl. Milchsäurebakterien (DGHM)	1×10^6	---
Escherichia coli (DGHM)	1×10^1	1×10^2
Salmonellen (DGHM)	–	n. n. in 25 g
Koagulase-positive Staphylokokken (DGHM)	1×10^2	1×10^3
Hefen (AG Lebensmittelmikrobiologie)	1×10^3	
Schimmelpilze (AG Lebensmittelmikrobiologie)	1×10^2	
Enterobacteriaceae	1×10^3	1×10^5
Listeria monocytogenes	–	1×10^2

Tab. 1-6-4-6 Bewertung des mikrobiellen Status von Sahne in/aus Aufschlagautomaten in Anlehnung an Beurteilungskriterien für Sahne gemäß den Richtlinien der Deutschen Gesellschaft für Hygiene und Mikrobiologie (DGHM, 2005), wobei zusätzlich das Vorhandensein von Hefen und Schimmelpilzen berücksichtigt wird (AG „Lebensmittelmikrobiologie", 1999) (<m = Richtwert der DGHM nicht überschritten; >m, <M = Richtwert der DGHM überschritten; >M = Warnwert der DGHM überschritten).

	Probenanzahl								
	Sahne originalverpackt			Sahne ungeschlagen			Sahne geschlagen		
	<m	>m, <M	>M	<m	>m, <M	>M	<m	>m, <M	>M
aerobe mesophile Keime	318	22	–	183	14	–	254	38	–
Escherichia coli	181	0	3	12	–	–	130	–	6
Salmonella spp.	–	–	0	–	–	0	–	–	0
Koagulase-positive Staphylokokken	53	–	–	0	–	–	29	–	–
Hefen	57	4	–	–	–	–	64	18	–
Schimmelpilze	57	–	–	–	–	–	80	1	–

mesophile Gesamtkeimzahl überstiegen (Tab. 1-6-4-3), von originalverpackter Sahne waren dies 22 Proben (Tab. 1-6-4-2) und von geschlagener Sahne waren dies 38 Proben (Tab. 1-6-4-4).

Im Allgemeinen stellen hohe Gesamtkeimgehalte keine gesundheitliche Gefahr für den Verbraucher dar (ICMSF, 1986). Die hohen Gesamtkeimgehalte sind aber ein sicherer Hinweis auf eine zu verbessernde Hygiene; dies trifft insbesondere auf die hier untersuchte geschlagene Sahne zu.

1.6.4.4 Literatur

AG „Lebensmittelmikrobiologie" (1999) AG „Lebensmittelmikrobiologie" der SVUÄ und des CVUA des Landes NRW, Beschluss über die mikrobiologische Bewertung von geschlagener Sahne aus Spendern und Automaten vom 17.03.1999.

Deutsche Gesellschaft für Hygiene und Mikrobiologie (DGHM) (2005) Veröffentlichte mikrobiologische Richt- und Warnwerte zur Beurteilung von Lebensmitteln; eine Empfehlung der Fachgruppe Lebensmittel-Mikrobiologie und Lebensmittelhygiene.

DIN 10507 (1994) Lebensmittelhygiene Sahneaufschlagmaschinen, Mischpatronentyp, Hygieneanforderungen, Prüfung.

EU Verordnung (EG) Nr. 852/2004 des Europäischen Parlaments und Rates vom 29. April 2004 über Lebensmittelhygiene.

Fries, R. (1995) Qualitätssicherung im bakteriologischen Labor. Ferdinand Enke Verlag, Stuttgart.

ICMSF (1986) Microorganisms in Foods 2. Sampling for microbiological analysis: Principles and specific applications. 2. Aufl., International Committee on Microbiological Specifications for Food.

Leininger, M. (1976) Doctoral programs for nurses: Trends, questions, and projected plans. Nursing Res 25:201–210.

LMBG (2004) Gesetz über den Verkehr mit Lebensmitteln, Tabakerzeugnissen, kosmetischen Mitteln und sonstigen Bedarfsgegenständen, in der Fassung der Bekanntmachung vom 9. September 1997, zuletzt geändert am 13. mai 2004.

LMHV (2001) Lebensmittelhygiene-Verordnung vom 5. August 1997, zuletzt geändert am 21. Mai 2001.

MilchErzV (1970) Verordnung über Milcherzeugnisse vom 15.07.1970.

Wallhäuser, K. H. (1988) Praxis der Sterilisation, Desinfektion, Konservierung. Thieme, Stuttgart, 4. Auflage.

1.6.5 Verotoxin bildende Escherichia coli in streichfähigen Rohwürsten

1.6.5.1 Ausgangssituation

Enterohämorrhagische *Escherichia coli* (EHEC) sind eine erstmals 1983 beschriebene Gruppe darmpathogener Bakterien (Karch et al., 2005). Die Erreger sind heute weltweit als Ursache verschiedener intestinaler Erkrankungen unterschiedlichen Schweregrades bekannt, mit zum Teil sich anschließenden postinfektiösen Erkrankungen wie das hämolytisch-urämische Syndrom (HUS) oder die thrombozytopenische Purpura (TTP) (Zimmerhackl et al., 2002). Charakterisiert sind EHEC-Bakterien durch die Fähigkeit zur Shigatoxinbildung, weshalb sie in Lebensmitteln auch als STEC (Shigatoxin bildende-*E. coli*) oder VTEC (Verotoxin bildende-*E. coli*) bezeichnet werden (Busch et al., 2007).

Immer wieder lassen sich in streichfähigen Rohwürsten Verotoxin bildende *Escherichia coli* nachweisen (CDC, 1995a und 1995b). Da diese Produkte auch von zu Risikogruppen gehörigen Menschen, wie Kinder und ältere Menschen, verzehrt werden, kann hier eine Gefahr für die menschliche Gesundheit bestehen. Insbesondere bei nur kurz gereiften streichfähigen

Rohwürsten – wie z. B. Zwiebelmettwurst – kann eine mikrobielle Reifungsflora noch unzureichend ausgebildet sein, die gramnegativen Keime durch konkurrierendes Wachstum im Normalfall unterdrücken könnte.

1.6.5.2 Ziel

Im Rahmen dieses Untersuchungsprogramms ist es beabsichtigt, die mikrobiologische Sicherheit von streichfähigen Rohwürsten in Bezug auf Verotoxin bildendes *E. coli* näher zu untersuchen, um einen Überblick über diese spezielle Kontaminationsrate zu erhalten. Aus diesem Grunde sollten möglichst kurz gereifte, streichfähige Rohwürste untersucht werden, wobei die Proben sowohl im Handel als auch bei selbst produzierenden Metzgern gezogen werden und auf die Anwesenheit von Verotoxin bildenden *E. coli* überprüft werden sollte.

1.6.5.3 Ergebnisse

Im Rahmen dieses Untersuchungsprogramms analysierten 21 Institutionen insgesamt 828 Proben aus 19 verschiedenen Warengruppen (Tab. 1-6-5-1). Von diesen 828 Proben wurden in 18 Proben Verotoxin bildende *Escherichia coli* nachgewiesen. Diese Prävalenz liegt im Bereich ähnlicher Prävalenzdaten für das Vorkommen von Verotoxin bildende *Escherichia coli* in streichfähigen Rohwürsten in anderen Studien (Timm et al., 1999; Gareis et al., 2000).

Tab. 1-6-5-1 Liste der Rohwurstsorten, die auf das Vorhandensein von Verotoxin bildende *Escherichia coli* untersucht wurden.

Rohwurstsorte	Probenzahl gesamt	Probenzahl positiv (Prävalenz)
Aalrauchmettwurst	2	
Frühstückswurst	9	1 (11 %)
Hofer Rindfleischwurst	2	
Mettwurst Ia	12	1 (8,3 %)
Mettwurst Braunschweiger	40	
Mettwurst einfach	13	
Mettwurst fein zerkleinert	81	
Mettwurst frisch	9	
Mettwurst grob	26	1 (3,8 %)
Pfeffersäckchen	8	
Rohwurst Geflügel	1	
Rohwurst Pute	3	
Rohwürste streichfähig	87	2 (2,3 %)
Schmierwurst	5	
Teewurst	84	2 (2,4 %)
Teewurst grob	16	
Teewurst Rügenwalder Art	104	1 (1,0 %)
Vesperwurst	9	
Zwiebelmettwurst	317	10 (3,2 %)
Gesamt	828	18 (2,2 %)

1.6.5.4 Literatur

Busch, U., Huber, I., Messelhäusser, U., Hörmansdorfer, S. und Sing, A. (2007) Nachweis Shigatoxin-bildender/Enterohämorrhagischer *Escherichia coli* (STEC/EHEC) mittels Real-Time PCR. J Verbr Lebensm 2:144–148.

CDC (1995a) *Escherichia coli* O157:H7 outbreak linked to commercially distibuted dry-cured salami. – Washington and California, 1994. MNWR 44:157–160.

CDC (1995b) Community outbreak of haemolytic uremic syndrome attributable to *Escherichia coli* O111:NM-South Australia. MMWR 44:419–421.

Dildei, C. und Dolzinski, B. (2007) Vorschlag für ein Handlungsschema als Sofortmaßnahme im Sinne des vorbeugenden Verbraucherschutzes zur einheitlichen Vorgehensweise beim Nachweis von Verotoxin in Vorzugsmilch. J Verbr Lebensm 1, Suppl 2:186–187.

Gareis, M., Pichner, R., Brey, N. und Steinrück, H. (2000) Nachweis Verotoxin-bildender *E. coli* (VTEC) bei gesunden Mitarbeitern eines fleischverarbeitenden Betriebes. Bundesgesundheitsbl 43:781–787.

Karch, H., Tarr, P. I. und Bielaszewska, M. (2005) Enterohaemorrhagic *Escherichia coli* in human medicine. Int J Med Micerobiol 295:405–418.

Timm, M., Klie, H., Richter, H., Gallien, P., Perlberg, K. W., Lehmann, S. und Protz, D. (1999) Untersuchung zum Nachweis und Vorkommen von Verotoxin-bildenden *Escherichia coli* (VTEC) in Rohwurst. Berl Münch Tierärztl Wochenschr 112:385–389.

Zimmerhackl, L. B., Verweyen, H., Gerber, A., Karch, H. und Brandis, M. (2002) Das hämolytisch urämische Syndrom. Dtsch Ärztebl 99A:196–203.

1.6.6 Untersuchung von Tofu auf Koloniezahl, Salmonellen, Koagulase-positive Staphylokokken, Bacillus cereus, Enterobacteriaceae

1.6.6.1 Ausgangssituation

Tofu stammt ursprünglich aus China und ist ein sehr eiweißreiches, leicht verdauliches Lebensmittel. Tofu wird aus der Sojabohne hergestellt, enthält alle essentiellen Aminosäuren und ist reich an Vitamin B. Um Tofu herzustellen, werden Sojabohnen zum Auskeimen gebracht, dann gekocht und anschließend zermahlen. Die Faseranteile werden ausgesiebt; zurück bleibt die Sojamilch, dessen Eiweißanteil durch Gerinnung ausgefällt wird. Der so entstandene Sojaquark wird gepresst und kommt, in Stücke geschnitten, in den Handel. Tofu kann gebacken, gebraten, gekocht oder als Beilage zu Salaten gegessen werden. Gekühlt ist Tofu 3 Tage haltbar; durch Trocknen, Gefrieren, Einlegen oder Räuchern kann die Haltbarkeit von Tofu verlängert werden.

Salmonellosen, d.h. eine von Salmonellen ausgelöste Erkrankung des Menschen, sind zumeist lebensmittelbedingte Erkrankungen und treten weltweit als sporadische Fälle, Familienerkrankungen oder als Epidemien auf. In Deutschland erkrankten im Jahr 2004 ca. 57.000 und im Jahr 2005 ca. 52.000 Menschen an einer gesicherten Samonellen-Infektion. 2004 wurden 52 bestätigte Todesfälle im Zusammenhang mit einer solchen Infektion gemeldet. Das Nationale Referenzzentrum für Salmonellen und andere Enteritidis-Erreger schätzt, dass nur etwa 10 % der tatsächlich vorkommenden Erkrankungsfälle gemeldet werden (Malony et al., 2007).

Staphylococcus aureus gilt als einer der wichtigsten Infektionserreger sowohl im human- (Becker et al., 2007) als auch im veterinärmedizinischen Bereich (Maciorowski et al., 2006). *S.*
aureus verfügt über ein breites Spektrum recht gut erforschter Virulenzfaktoren (Lindsay und Holden, 2004), unter denen sich zahlreiche Exotoxine befinden (Dinges et al., 2000). Hierzu gehören unter anderem das toxic shock syndrome toxin 1 (TSST-1) sowie eine Gruppe von Toxinen, die als Staphylokokken-Enterotoxine (SE) bezeichnet wird, weil sie ihre Wirkung am Gastrointestinaltrakt entfaltet. Erkrankungen letzterer Art sind Lebensmittelintoxikationen, da zur Auslösung der Symptome die Erreger selbst nicht mehr anwesend sein müssen, sondern nur noch die SE, die während der Vermehrung der Staphylokokken in das sie umgebende Milieu sezerniert wurden (Becker et al., 2007).

Bacillus cereus zählt zu den ubiquitär in der Umwelt verbreiteten gram-positiven, fakultativ anaeroben, sporenbildenden Bakterien, die normalerweise in Lebensmitteln als Umweltkontaminanten angesehen werden. Medizinisch bedeutsam sind nur zwei Gruppen von *B. cereus*-Stämmen, die in der Lage sind, unterschiedliche Arten von Toxinen zu bilden: (a) diarrhoeisches Toxin: Die Erkrankung ähnelt einer Toxin-Infektion durch *C. perfingens*, ausgelöst durch ein hitzelabiles Protein, (b) emetisches Toxin: Die Erkrankung ähnelt einer Staphylokokken-Intoxikation, ausgelöst durch ein niedermolekulares hitzestabiles Protein. Ein weites Spektrum von Lebensmitteln wird mit *B. cereus*-Intoxikationen in Verbindung gebracht. Das diarrhoeische Toxin findet sich überwiegend in Fleisch-, aber auch in Milch- und Fischprodukten, während die Quelle für lebensmittelbedingte Intoxikationen unter Beteiligung des emetischen Toxins in der Mehrzahl der Fälle proteinreiche Lebensmittel, wie Reis, Nudeln oder Kartoffeln, sind (Messelhäusser et al., 2007). In den letzten Jahren gab es immer häufiger Berichte über *B. cereus*-Intoxikationen des emetischen Typs, die zu Krankenhausaufenthalten oder sogar zum Tode führten (Mahler et al., 1997; Dierick et al., 2005).

1.6.6.2 Ziel

Im Rahmen dieses Untersuchungsprogramms sollte systematisch der Hygienestatus von Tofu ermittelt werden. Dazu sollten die veröffentlichten Richt- und Warnwerte der DGHM zur Beurteilung von Tofu herangezogen werden (Tab. 1-6-6-1). Als Proben für die Untersuchungen sollte die kleinste Verkaufseinheit, mindestens aber 50 g eingesetzt werden.

Tab. 1-6-6-1 Veröffentlichte Richt- und Warnwerte zur Beurteilung von Tofu, z. T. überarbeitet von der Arbeitsgruppe Lebensmittelmikrobiologe und -hygiene der Deutschen Gesellschaft für Hygiene und Mikrobiologie (DGHM) (KbE = Kolonie bildende Einheiten; n. n. = nicht nachweisbar).

	Richtwert (KbE/g) (m)	Warnwert (KbE/g) (M)
Aerobe mesophile Koloniezahl	1×10^7	–
Samonellen	–	n. n. in 25 g
Koagulase-positive Staphylokokken	1×10^2	1×10^3
Bacillus cereus	1×10^3	1×10^4
Enterobacteriaceae	1×10^4	1×10^5

1.6.6.3 Ergebnisse

Im Rahmen dieses Untersuchungsprogramms analysierten 19 Institutionen insgesamt 446 Proben. Von diesen Tofu-Proben wurden die aerobe mesophile Gesamtkeimzahl bestimmt (437 Proben) und sie wurden auf das Vorhandensein von *Enterobacteriaceae* (446 Proben), *Salmonella* spp. (426 Proben), Koagulase-positive Staphylokokken (441 Proben) sowie *Bacillus cereus* (445 Proben) analysiert (Tab. 1-6-6-2). *Salmonella* spp. konnte in keiner der Tofu-Proben nachgewiesen werden, Koagulase-positive Staphylokokken dagegen in 17 Tofuproben (3,7%), wobei jedoch der Richtwert von 1×10^2 KbE/g (Tab. 1-6-6-1) bei keiner Probe überschritten wurde. Von den 18 in Bezug auf *Bacillus cereus* positiven Proben (4,0%) lagen zwar 16 (3,6%) unterhalb des Richtwertes von 1×10^3 KbE/g, aber 2 (1,2%) sogar über dem Warnwert von 1×10^4 KbE/g (Tab. 1-6-6-2). Annähernd vergleichbare Ergebnisse erbrachte die Untersuchung der Tofu-Proben auf das Vorhandensein von *Enterobacteriaceae*; zwar lagen von den 58 positiven Proben (13%) 51 (11,4%) unterhalb des Richtwertes von 1×10^4 KbE/g, aber immerhin 2 Proben (3,4%) über diesem Richtwert und 5 Proben (8,7%) über dem Warnwert von 1×10^5 KbE/g. Aufgrund dieser Ergebnisse ist Anlass gegeben, die Überwachung von Tofu-Produkten zur Diskussion zu stellen.

1.6.6.4 Literatur

Becker, H., Bürk, C. und Märtlbauer, E. (2007) Staphylokokken-Enterotoxine: Bildung, Eigenschaften und Nachweis. J Verbr Lebensm 2:171–189.

Dierick, K., van Coillie, E., Swiecicka, I., Meyfroidt, G., Devlieger, H., Meulemans, A., Hoedemaekers, G., Fourie, L., Heyndrickx, M. und Mahillon, J. (2005) Fatal family outbreak of *Bacillus cereus*-associated food poisoning. J Clin Microbiol 43:4277–4279.

Dinges, M. M., Orwin, P. M. und Schliefert, P. M. (2000) Exotoxins of *Staphylococcus aureus*. Clin Microbiol Rev 13:16–34.

Lindsay, J. A. und Holden, M. T. G. (2004) *Staphylococcus aureus*: superbug, super genome? Trends Microbiol 12:378–385.

Maciorowski, K. G., Herrera, P., Kundinger, M. M. und Ricke, S. C. (2006) Animal feed production and contamination by foodborne *Salmonella*. J Verbr Lebensm 1:197–209.

Mahler, H., Pasi, A., Kramer, J. M., Schulte, P., Scoging, A. C., Bär, W. und Krähenbühl, S. (1997) Fulminant liver failure in association with the emetic toxin of *Bacillus cereus*. N Engl J Med 336:1142–1148.

Malony, B., Anderson, A. und Huber, I. (2007) *Salmonella* real-time PCR-Nachweis. J Verbr Lebensm 2:149–156.

Messelhäusser, U., Fricker, M., Ehling-Schulz, M., Ziegler, H., Elmer-Englhard, D., Kleih, W. und Busch, U. (2007) Real-time-PCR-System zum Nachweis von *Bacillus cereus* (emetischer Typ) in Lebensmitteln. J Verbr Lebensm 2:190–193.

1.6.7 Überprüfung der Qualität und mikrobiellen Beschaffenheit von abgepacktem Mozzarella in Kleinverbraucherpackungen vom Hersteller bzw. aus dem Handel

1.6.7.1 Ausgangssituation

Mozzarella ist ein ursprünglich italienischer Filata-Käse aus Büffel- oder Kuhmilch mit 50% (Büffel) oder 45% (Kuh) Fett i. Tr.. Er ist heute weit verbreitet und wird an vielen Orten der Welt gekäst, da der Name an sich nicht geschützt ist. Der heute meist übliche, in Kunststoff-Beuteln mit Salzlake verschweißte Mozzarella besteht aus Kuhmilch.

Die Qualität von abgepacktem Mozzarella-Käse (Bällchen oder Blöcke) ist unterschiedlich und nicht gleich bleibend. Auch die Beschaffenheit des Käses am Ende der Mindesthaltbarkeitsdauer ist nicht immer zufrieden stellend.

1.6.7.2 Ziel

Im Rahmen dieses Untersuchungsprogramms sollte Qualität und Beschaffenheit von Mozzarella in Kleinverpackungen systematisch untersucht werden.

1.6.7.3 Ergebnisse

Im Rahmen dieses Untersuchungsprogramms analysierten 13 Institutionen insgesamt 690 Proben.

Im Rahmen der sensorischen Überprüfung wurden diese Proben von Mozzarella-Käse hinsichtlich ihres Aussehens, ihres Geruchs sowie ihres Geschmacks beurteilt: Als abweichend von der Verkehrsauffassung wurden beim Aussehen 25 Proben (N = 690; 3,6%), beim Geruch 29 Proben (N = 686; 4,2%) und beim Geschmack 36 Proben (N = 674; 5,3%) protokolliert.

Die mikrobielle Beschaffenheit der Mozzarella-Proben stellt sich auf der Grundlage der Beurteilungskriterien gemäß den Richtlinien der Deutschen Gesellschaft für Hygiene und Mikrobiologie (DGHM, 2005), wobei zusätzlich das Vorhandensein von Hefen und Schimmelpilzen berücksichtigt wird

	Anzahl der Tofu-Proben			
	Probenanzahl gesamt	positive Proben (Prävalenz in %)	≤ m	>m, ≤ M	>M
Aerobe mesophile Gesamtkeimzahl	437	entfällt	423 (37,5%)	14 (7,8%)	–
Enterobacteriaceae	446	58 (13%)	51 (11,4%)	2 (3,4%)	5 (8,7%)
Samonella spp.	426	0	–	–	0
Koagulase-positive Staphylokokken	441	17 (3,9%)	17 (3,9%)	0	0
Bacillus cereus	445	18 (4,0%)	16 (3,6%)	0	2 (1,2%)

Tab. 1-6-6-2 Mikrobielle Beurteilung der Tofu-Proben an Hand der in Tab. *1-6-6-1* aufgeführten Richt- und Warnwerte der DGHM.

Tab. 1-6-7-1 Mikrobiologische Beurteilungskriterien gemäß den Richtlinien der Deutschen Gesellschaft für Hygiene und Mikrobiologie (DGHM, 2005), wobei zusätzlich das Vorhandensein von Hefen und Schimmelpilzen berücksichtigt wird (AG „Lebensmittelmikrobiologie", 1999).

	Richtwert (KbE/g)	Warnwert (KbE/g)
Aerobe mesophile Keimzahl (einschl. Milchsäurebakterien) (DGHM)	1×10^6	–
coliforme Keime (DGHM)	1×10^3	1×10^5
Escherichia coli (DGHM)	1×10^1	1×10^2
Salmonellen (DGHM)	–	n. n. in 25 g
Koagulase-positive Staphylokokken (DGHM)	1×10^2	1×10^3
Hefen (AG Lebensmittelmikrobiologie)	1×10^3	
Schimmelpilze (AG Lebensmittelmikrobiologie)	1×10^2	

(AG „Lebensmittelmikrobiologie", 1999) (Tab. 1-6-7-1), wie folgt dar (Tab. 1-6-7-2): Auffällig ist, dass bei 106 Proben (n = 328; 32,3%) der Richtwert für die aerobe mesophile Gesamtkeimzahl überschritten wird[7]. Dies korrespondiert in gewisser Weise mit 12 Proben (n = 353; 3,4%), bei denen der Richtwert für coliforme Keime, und mit 32 Proben (n =353; 9,1%), bei denen der Richtwert für *Escherichia coli* überschritten wird; in beiden Fällen wird auch der Warnwert bei 7 Proben (1,9%) bzw. 3 Proben (0,8%) überschritten. Zu diesen Anzeichen des mangelhaften Hygienestatus passen die 3 Proben (n=287; 1,0%), bei denen der Richtwert für Hefen, und die 2 Proben (n=331; 0,6%), bei denen der Richtwert für Schimmelpilze überschritten wird.

Im Hinblick auf Koagulase-positive Staphylokokken lagen alle 47 positiven Proben unterhalb des Richtwertes. Für *Salmonella* spp. wurde 1 positive Probe (allerdings ohne Quantifizierung) gemeldet (das gleiche gilt für *Listeria monocytogenes*; nicht in Tab. 1-6-7-2 aufgeführt).

Damit ist hinreichend Anlass gegeben, in Erwägung zu ziehen, die Überwachung von Mozzarella-Käse fortzusetzen. Es wäre sachgerecht, sich bei der mikrobiellen Beurteilung nach der Verordnung (EG) 2073/2005 zu richten, in der analog der nicht mehr gültigen Milchverordnung für Frischkäse (Mozzarella-Käse ist dieser Kategorie zuzuordnen) das gleiche Prozesshygienekriterium für Koagulase-positive Staphylokokken aufgeführt ist. Ebenso gibt es ein relevantes Lebensmittelkriterium für das Vorhandensein von *Listeria monocytogenes*, wenn Mozzarella-Käse als ein Lebensmittel eingestuft wird, in welchem eine Vermehrung dieses Erregers stattfinden kann. Salmonellen dürfen danach auch nicht im Mozzarella-Käse vorhanden sein. Um zukünftig eine solche sachgerechte Bewertung von Mozzarella-Käse-Proben vornehmen zu können, sollte auf eine hinreichende Analyse der Proben und sachgerechte Ergebnisübermittlung geachtet werden.

1.6.7.4 Literatur

ICMSF (1986) Microorganisms in Foods 2. Sampling for microbiological analysis: Principles and specific applications. 2. Aufl., International Committee on Microbiological Specifications for Food.

Käseverordnung in der Fassung der Bekanntmachung vom 14. April 1986 (BGBl. I, S. 412), zuletzt geändert durch Artikel 21 der Verordnung vom 8. August 2007 (BGBl. I, S. 1816).

Verordnung über Hygiene- und Qualitätsanforderungen an Milch und Erzeugnisse auf Milchbasis (Milchverordnung) vom 20. Juli 2000 (BGBl. I, S.1178), geändert durch BGBl. I, S. 3082 vom 14. August 2002, geändert durch BGBl. I, S. 478 vom 10. April 2003, zuletzt geändert durch BGBl. I, S. 2794 vom 12. November 2004.

Verordnung (EG) Nr. 2073/2005 der Kommission vom 15. November 2005 über mikrobiologische Kriterien für Lebensmittel.

	Probenzahl (gesamt)	Positive Proben (Prävalenz in %)	Anzahl der Proben		
			<m	>m, <M	>M
Aerobe mesophile Keimzahl	328	entfällt	222	106	–
coliforme Keime	353	62 (17,3%)	43	12	7
Escherichia coli	353	49 (13,9%)	14	32	3
Salmonella spp.	642	1 (0,2%)	–	–	k. A.
Koagulase-positive Staphylokokken	562	47 (8,4%)	47	0	0
Hefen	287	3 (1,0%)	0	3	0
Schimmelpilze	331	3 (0,9%)	1	2	0

Tab. 1-6-7-2 Mikrobiologische Beurteilung der Mozzarella-Proben gemäß der Richt- und Warnwerte der DGHM (siehe Tab. 1-6-7-1).

k. A. = keine Angaben

---

[7] Im Allgemeinen stellen hohe Gesamtkeimgehalte keine gesundheitliche Gefahr für den Verbraucher dar (ICMSF, 1986). Die hohe Gesamtkeimgehalte sind aber ein sicherer Hinweis auf eine zu verbessernde Hygiene.

1.6.8 Campylobacter jejuni/coli in Schweinefleisch-zubereitungen und Hackfleisch für den Rohverzehr

1.6.8.1 Ausgangssituation

Die Campylobacteriose gehört seit der Einführung des Infektionsschutzgesetzes (§ 42 IfSG) im Jahr 2001 zu den in Deutschland meldepflichtigen Gastroenteritiden. *Campylobacter* spp. sind derzeit alleine in Deutschland für mehr als 50.000 jährlich gemeldete Erkrankungsfälle verantwortlich und gehören weltweit zu den Hauptverursachern lebensmittelbedingter Infektionen des Gastro-Intestinaltraktes. Sie stehen in Deutschland inzwischen zahlenmäßig (zusammen mit den Salmonellen) an erster Stelle bakteriell verursachter Infektionen. Als Hauptinfektionsquellen werden nicht ausreichend erhitztes Geflügel oder andere Fleischprodukte sowie unpasteurisierte Milch und Trinkwasser angesehen. Unzureichende Hygiene bei der Speisezubereitung und damit verbundene Rekontaminationen auf andere roh zu verzehrende Nahrungsmittel ist ebenso als kritisch einzustufen. Als verursachende Spezies sind vor allem die thermophilen Arten *C. jejuni* und *C. coli* anzusehen (Lick et al., 2007).

1.6.8.2 Ziel

Im Rahmen dieses Untersuchungsprogrammes sollen gezielt Schweinefleischzubereitungen für den Rohverzehr (auch Zwiebelmettwurst) untersucht werden, um einen bundesweiten Überblick über die einheimischen Inverkehrbringer von Schweinefleisch zu erlangen.

1.6.8.3 Ergebnisse

Im Rahmen dieses Untersuchungsprogramms analysierten 16 Institutionen insgesamt 435 Proben aus 11 verschiedenen

Tab. 1-6-8-1 Anzahl (gesamt) der Proben, die auf das Vorhandensein von *Campylobacter* spp. analysiert wurden, sowie die Anzahl der daraus resultierenden, positiven Proben.

Warengruppe	Campylobacter spp.	
	Anzahl gesamt	Anzahl positiv
Hackfleischerzeugnisse roh, auch Brühwurstfabrikate	68	2 (2,9 %)
Mett roh, auch tiefgefroren	290	2 (0,7 %)
Cevapcici roh, auch tiefgefroren	1	
Fleischspieß roh, auch tiefgefroren	1	
Schaschlik roh, auch tiefgefroren	1	
Bratwurst grob roh, auch tiefgefroren	15	
Rostbratwurst roh, auch tiefgefroren	1	
Bratwurst feinzerkleinert roh, auch tiefgefroren	3	
geschnetzeltes Schwein roh gewürzt, auch tiefgefroren	13	
Gyros roh, auch tiefgefroren	4	
Würzhack (außer Mett)	38	
Gesamt	435	4

Warengruppen (Tab. 1-6-8-1). Vier Proben (0,9 %) waren positiv für *Campylobacter* spp.. Die positiven Proben stammten aus den Warengruppen „Hackfleischerzeugnisse roh, auch Brühwurstfabrikate" bzw. „Mett roh, auch tiefgefroren." In beiden Warengruppen wurden je zwei mit *C. jejuni* bzw. mit *C. coli* kontaminierte Probe identifiziert.

1.6.8.4 Literatur

Lick, S., Mayr, A., Müller, M., Anderson, A., Hotzel, H. und Huber, I. (2007) Konventionelle PCR- und Real-Time PCR-Verfahren zum Nachweis von thermophilen *Campylobacter jejuni*, *C. coli* und *C. lari*: ein Überblick. J Verbr Lebensm 2:161–170.

1.6.9 Untersuchung von pulverförmiger Säuglingsnahrung auf Enterobacter sakazakii

1.6.9.1 Ausgangssituation

Enterobacter sakazakii wurde erst im Jahr 1980 als eigene Art der Gattung *Enterobacter* beschrieben (Farmer et al., 1980). *E. sakazakii* ist ein seltener opportunistischer Erreger, der Infektionen mit hoher Mortalitätsrate hervorruft (Lai, 2001). Der Erreger infiziert Neugeborene, insbesondere in medizinischer Behandlung, durch kontaminierte Anfangsnahrung und ruft Meningitis, Sepsis und nekrotisierende Enterocolitis hervor (Biering et al., 1989; Simmons et al., 1989; van Acker et al., 2001; Iversen und Forsythe, 2003). Das Bakterium stellt aber auch für ältere Patienten mit schweren Grunderkrankungen eine Bedrohung durch nosokomiale Infektionen dar (Lai, 2001). Erkrankungen und Todesfälle durch *Enterobacter sakazaki* in pulverförmiger Säuglingsnahrung sind in der Vergangenheit bekannt geworden (BgVV, 2002) (siehe auch Lehmacher et al., 2007).

1.6.9.2 Ziel

Im Rahmen dieses Untersuchungsprogrammes sollte mehrfach in zeitlichen Abständen bei Herstellern von Babynahrung, im Handel oder ggf. in Einrichtungen der Gemeinschaftsverpflegung (Krankenhäuser, Säuglingsstationen für Frühgeborene) pulverförmige Babynahrung für Frühgeborene beprobt werden.

1.6.9.3 Ergebnisse

Im Rahmen dieses Untersuchungsprogramms analysierten 15 Institutionen insgesamt 428 Proben aus 6 verschiedenen Warengruppen (Tab. 1-6-9-1). Aus den Angaben zum Warencode konnten 118 der untersuchten Proben eindeutig der Kategorie „Säuglingsanfangsnahrung" zugeordnet werden. Sieben dieser Proben von „Säuglingsanfangsnahrung" waren mit *E. sakazakii* kontaminiert (5,9 %). Von 77 Proben „Folgenahrung für Säuglinge" war 1 mit *E. sakazakii* verunreinigt (1,3 %). Weiterhin kamen 115 Proben aus der nicht näher definierten Warengruppe „Säuglings- oder Kleinkindernahrung" (3 mit *E. sakazakii* kontaminierte Proben; 2,6 %), 42 Proben aus der Warengruppe „Säuglingsmilchnahrung" (1 mit *E. sakazakii* verunreinigte Probe; 2,4 %), 75 Proben aus der Warengruppe „Getreidebrei" (in keiner Probe konnte *E. sakazakii* nachgewiesen werden) und 1 aus der Warengruppe „Zwieback und Kekse für Säuglinge oder Kleinkinder" (*E. sakazakii* konnte nicht nachgewiesen werden).

Tab. 1-6-9-1 Aufteilung der 428 Proben, die zur Überprüfung auf *Enterobacter sakazakii* genommen wurden, auf verschiedene Warengruppen von pulverförmiger Säuglingsnahrung.

Warengruppe	Probenanzahl	Positive Proben (Prävalenz in %)
Säuglingsanfangsnahrung	118	7 (5,9 %)
Folgenahrung für Säuglinge	77	1 (1,3 %)
Säuglings- oder Kleinkindernahrung	115	3 (2,6 %)
Säuglingsmilchnahrung	42	1 (2,4 %)
Getreidebrei	75	0
Zwieback oder Kekse für Säuglinge und Kleinkinder	1	0
Gesamt	428	13 (3,0 %)

1.6.9.4 Literatur

van Acker, J., de Smet, E., Muyldermans, G., Bougatef, A., Naessens, A. und Lauwers, S. (2001) Outbreak of necrotizing enterocolitis associated with *Enterobacter sakazakii* in powdered milk formula. J Clin Microbiol 39:293–297.

BgVV (2002) *Enterobacter sakazakii* in Säuglingsnahrung. Stellungnahme des BgVV vom 13. Mai 2002. http://www.bfr.bund.de/cm/208/enterobacter_sakazakii_in_saeuglingsnahrung.pdf

Biering, G., Karlsson, S., Clark, N. C., Jonsdottir, K. E., Ludvigsson, P. und Steingrimsson, O. (1989) Three cases of neonatal meningitis caused by *Enterobacter sakaz*akii in powdered milk. J Clin Microbiol 27:2054–2056.

Farmer, III. J. J., Asbury, M. A., Hickman, F. W., Brenner, D. J. und the *Enterobacteriaceae* Srudy Group (1980) *Enterobacter sakazakii*: A new species of "*Enterobacteriaceae*" isolated from clinical specimens. Internat J Systematic Bacteriol 30:569–584.

Iversen, C. und Forsythe, S. (2003) Risk profile of *Enterobacter sakazakii*, an emergent pathogen associated with infant milk formula. Trends in Food Sci & Technol 14:443–454.

Lai, K. K. (2001) *Enterobacter sakazakii* infections among neonates, infants, children, and adults: case reports and a review of the literature. Medicine 80:113–122

Lehmacher, A., Fiegen, M. und Hansen, B. (2007) Real-time PCR von *Enterobacter sakazakii* in Säuglingsanfangsnahrung. J Verbr Lebensm 2:218–221.

Simmons, B. P., Gelfand, M. S., Hass, M., Metts, L. und Ferguson, J. (1989) *Enterobacter sakazakii* infections in neonates associated with intrinsic contamination of a powdered infant formula. Infect Control Hosp Epidemiol 10:398–401.

1.7
Untersuchung von Bedarfsgegenständen

1.7.1 Antimikrobiell wirksame Substanzen in Textilien[8]

1.7.1.1 Ausgangssituation

Um Bekleidung für verschiedenste Zwecke funktional zu gestalten, werden Textilien entsprechend ausgerüstet. Eine zunehmende Bedeutung kommt dabei der antibakteriellen Ausrüstung von Textilien zu. Insbesondere Sport- und Freizeit-

kleidung, zunehmend auch körpernah getragene Textilien werden entsprechend behandelt. Einsatz finden eine Reihe von Substanzen wie Triclosan, Trichlorphenol, Tetrachlorphenol, Pentachlorphenol, Isothiazolinone, o-Phenylphenol, Triclocarban, 4-Chlor-m-kresol, Tribromphenol etc., von denen einige sensibilisierendes Potential besitzen oder in der Diskussion über eine Resistenzausbildung stehen.

Eine *in vivo*-Methode für einen Wirkungsnachweis der eingesetzten Substanzen unter Tragebedingungen lag im Jahr 2005 noch nicht vor. Nicht bekannt war weiterhin, ob sich die Hautflora durch den langfristigen Kontakt mit antibakteriell aufgerüsteten Textilien verändert. Das BfR sah diesbezüglich weiteren Forschungsbedarf.

1.7.1.2 Ziel

Ziel dieses Untersuchungsprogramms war es zu klären, welche Substanzen im Jahr 2006 in auf dem Markt befindlichen Textilien mit direktem Hautkontakt (Unterwäsche, Strümpfe, T-Shirts, Hosen, etc.) anzutreffen sind, und damit eine Datengrundlage für eine Risikoabschätzung zu schaffen. Ggf. sollte eine Kennzeichnung der antibakteriellen Wirksubstanzen zur Information des Verbrauchers über die Auslobung des Produktes angestrebt werden.

Tab. 1-7-1-1 Anzahl der Proben aus den Warengruppen, die auf antimikrobiell wirksame Substanzen untersucht wurden.

Warengruppe	Anzahl der Proben
Unterbekleidung (Unterwäsche, Miederwaren, …) ohne Materialdifferenzierung	2
Unterbekleidung (Unterwäsche, Miederwaren, …) aus textilem Material	39
Mittelbekleidung (Hemd, Bluse, Kleid) ohne Materialdifferenzierung	2
Mittelbekleidung (Hemd, Bluse, Kleid) aus textilem Material	19
Oberbekleidung (Pullover, Hose, Mantel, …) ohne Materialdifferenzierung	1
Oberbekleidung (Pullover, Hose, Mantel, …) aus textilem Material	3
Oberbekleidung (Pullover, Hose, Mantel, …) aus Materialkombinationen	1
Strumpfwaren (Socken, Strümpfe, …) aus textilem Material	34
Strumpfwaren (Socken, Strümpfe, …) aus Leder	1
Strumpfwaren (Socken, Strümpfe, …) aus Materialkombinationen	1
Nachtbekleidung (Schlafanzug, Nachthemd, …)	3
Badebekleidung (Badehose, Badeanzug, Bikini, …)	3
Handschuhe/Fingerlinge aus textilem Material	1
Handschuhe/Fingerlinge aus Leder	3
Handschuhe/Fingerlinge aus Materialkombinationen	6
Gesamt	119

---

[8] Zum Teil ist das Ziel dieses Untersuchungsprogramms deckungsgleich mit dem von 1.7.4.

antimikrobiell wirksame Substanzen	Anzahl der Proben	Anzahl der positiven Proben	Gehalt (mg/kg)
Benzisothiazolon, 1,2-Benzisothiazolin-3-on	98	0	–
Benzoesäure E 210	1	1	25,50
Carbendazim	18	0	–
3-Chlor-4-methylanilin	1	0	–
4-Chlor-m-kresol	98	2	30,61*
5-Chlor-2-methyl-4-isothiazolin-3-on	80	0	–
3-Chloranilin	1	0	–
Dibutylzinn (DBT)	14	0	–
Dimethylanilin	9	0	–
2,4-Dimethylanilin	9	0	–
Dioctylzinn (DOT)	14	0	–
Diphenylzinn (DPhT)	14	0	–
Formaldehyd	53	0	–
Isothiazolon	18	0	–
Monobutylzinn (MBT)	14	0	–
Monooctylzinn (MOT)	14	0	–
4-Nitrophenol	80	0	–
2-Octyl-2H-isothiazol-3-on	18	0	–
Orthophenylphenol E 231, o-Phenylphenol	116	1	63,09
Pentachlorphenol	66	0	–
2-Phenoxyethanol	1	1	5,30
TCMTB Busan	80	0	–
2,3,4,5-Tetrachlorphenol	48	1	0,09
Tetrachlorphenol	18	0	–
2,4,6-Tribromphenol	80	0	–
Tribromphenol	18	0	–
Tributylzinn (TBT)	14	0	–
Trichlorphenol	66	1	0,12
Triclocarban	116	0	–
Triclosan, Irgasan	116	6	143,85*
Trioctylzinn (TOT)	14	0	–
Triphenylzinn (TPhT)	14	0	–

Tab. 1-7-1-2 Liste der antimikrobiell wirksamen Substanzen, auf welche die Textilien untersucht wurden, sowie die Anzahl der jeweiligen Analysen pro Substanz, die Anzahl der davon positiven Proben (mit Angabe des Gehalts; * = Mittelwert).

1.7.1.3 Ergebnisse

Im Rahmen dieses Untersuchungsprogramms analysierten 3 Institutionen insgesamt 119 Proben. Diese Probennahmen erfolgten aus 15 Warengruppen (Tab. 1-7-1-1). Die Warenproben wurden – in unterschiedlicher Intensität – auf das Vorhandensein von insgesamt 33 verschiedenen antimikrobiell wirkenden Substanzen untersucht (Tab. 1-7-1-2). Positive Proben ergaben sich nach Analyse auf Benzoesäure E 210, 4-Chlor-m-kresol, Orthophenylphenol E 231, 2-Phenoxyethanol, 2,3,4,5-Tetrachlorphenol, Trichlorphenol bzw Triclosan. Die übrigen 26 Substanzen waren in den untersuchten Textil-Proben nicht nachweisbar (Tab. 1-7-1-2).

Damit ist eine erste Grundlage gegeben, das Spektrum relevanter Substanzen mit antimikrobieller Wirkung in Textilien festzulegen und unter Berücksichtigung der ermittelten Gehalte die Diskussion zur Festsetzung eventueller Höchstmengen zu beginnen.

1.7.2 Allergene Duftstoffe in Bedarfsgegenständen zur Reinigung und Pflege

1.7.2.1 Ausgangssituation

Trotz sorgfältiger Prüfungen der kosmetischen Mittel durch die Hersteller können gesundheitliche Risiken von kosmetischen Mitteln ausgehen; hierzu gehören allergische Reaktionen und Unverträglichkeiten.

Nicht alle Inhaltsstoffe müssen auf den Produkten angegeben werden. Stoffe zur Parfümierung (Riech- und Aromastoffe) müssen im Gegensatz zu anderen Inhaltsstoffen nicht einzeln angegeben werden, sondern können unter dem Begriff Parfüm, Parfum oder Aroma zusammengefasst werden.

Mit der Verordnung zur Änderung der Kosmetik-Verordnung und zur Änderung weiterer lebensmittelrechtlicher Vorschriften vom 06. Oktober 2004 wurde die Richtlinie EG/2003/15 in nationales Recht umgesetzt. Diese enthält Vorschriften zum vorbeugenden Gesundheitsschutz und soll zur Informationsverbesserung der Verbraucher beitragen. In diesem Sinne wurde eine Deklarationspflicht für 26 potentiell Allergie auslösende Riechstoffe bei der Verwendung in kosmetischen Mitteln eingeführt.

Der wissenschaftliche Ausschuss der EU (SCCNFP) hatte in einem Positionspapier vom 4. Juni 2002 festgestellt, dass das Gefährdungspotential bei Duftstoffen in Wasch- und Reinigungsmitteln dem der kosmetischen Mittel vergleichbar ist. Mit der Verordnung (EG) Nr. 648/2004 über Detergentien wird

dieser Einschätzung Rechnung getragen und auf die Deklarationspflicht für 26 potentiell Allergie auslösende Riechstoffe bei der Verwendung in kosmetischen Mitteln gemäß Richtlinie EG/2003/15 Bezug genommen. Eine entsprechende Regelung wird auch für Bedarfsgegenstände zur Reinigung und Pflege eingeführt. Die Kennzeichnung für diese Stoffe musste ab dem 08. Oktober 2005 für Konzentrationen größer als 0,01 Gewichtprozent erfolgen. Die Regelungen gelten für Waschhilfsmittel, Wäscheweichspüler, Putzmittel sowie andere Wasch- und Reinigungsmittel. Weitere Produkte der Wäschepflege wie Textilerfrischer, Bügelwasser etc. und Pflegemittel werden von diesen Regelungen nicht erfasst. Ziel der Parfümierung von Waschmitteln und Weichspülern ist es, dass u. a. die Duftstoffe während des Waschprozesses auf die Textilfaser aufziehen und dort während des Spül- und Trockenvorgangs haften bleiben,

Tab. 1-7-2-1 Liste der Warengruppen, die auf allergene Duftstoffe untersucht worden sind.

Warengruppe	Anzahl der Proben
Wasch- und Reinigungsmittel für Textilien	51
davon Vorwaschmittel	1
Vollwaschmittel	16
Fein-/Bunt-/Spezialwaschmittel	22
Wollwaschmittel	11
Waschhilfsmittel und Enthärter	31
davon Weich-/Formspüler	30
Imprägnierungs- und Ausrüstmittel für Textilien	18
davon Bügelhilfe	6
Reinigungsmittel	51
davon Allzweck-/Universalreiniger für den Haushalt	1
Fenster-/Glasreiniger	22
Sanitär-/WC-Reiniger	26
Handgeschirrspülmittel	2
Summe	151

Tab. 1-7-2-2 Liste der Duftstoffe, auf welche die Erzeugnisse aus den in Tab. 1-7-2-1 aufgeführten Warengruppen untersucht worden sind, sowie Angabe der jeweiligen Probenzahl und der positiven Proben.

Duftstoff	Anzahl der Proben	Anzahl positiver Proben
Amylcinnamal	151	22
Amylcinnamylalkohol	72	2
Anisalkohol	151	1
Benzylalkohol	151	52
Benzylbenzoat	151	9
Benzylcinnamat	151	0
Benzylsalicylat	151	39
Cinnamal	151	7
Cinnamylalkohol	151	6
Citral	151	29
Citronellol	151	73
Cumarin	151	40
Eichenmoos- und Baummoosextrakt	102	0
Eugenol	151	41
Farnesol	151	1
Geraniol	151	31
Hexylcinnamaldehyd	151	74
Hydroxycitronellal	151	9
Hydroxy-Methylpentylcyclohexencarboxaldehyd	151	17
Isoeugenol	151	7
Linalool	151	85
Limonen	151	76
3-Methyl-4-(2,6,6-trimethyl-2-cyclohexen-1-yl)-3-buten-2-on	151	53
Methylheptincarbonat	151	2
2-(4-tert-Butylbenzyl)propionaldehyd	151	85

um im Kleiderschrank und beim Tragen der Kleidung einen angenehmen Duft zu erzielen. Durch den Hautkontakt mit der Wäsche hat der Verbraucher direkten, dauerhaften Kontakt mit den auf den Textilien befindlichen Duftstoffen. Bei empfindlichen Personen, insbesondere Allergikern, kann dies zu gesundheitlichen Problemen führen. Für weitere Produkte der Wäschepflege wie Textilerfrischer oder Bügelwasser wird im Ergebnis ein vergleichbarer Zweck verfolgt bzw. ist bei Pflegemitteln ein direkter Hautkontakt vorhersehbar.

1.7.2.2 Ziel

Ziel dieses Untersuchungsprogramms war es, hinreichend Daten zu erheben, um so die Gesamtsituation beurteilen zu können. Zu diesem Zweck sollte ermittelt werden, in welchen Konzentrationen die betreffenden Riechstoffe in Bedarfsgegenständen zur Reinigung und Pflege (z. B. Flüssigwaschmittel, Weichspüler, Textilerfrischer, Bügelwasser und andere Pflegemittel) anzutreffen sind. Die aktuellen Regelungen zur Deklaration von Riechstoffen sollten überprüft und ggf. Regelungslücken für vergleichbare Wasch-, Reinigungs- und Pflegemitteln aufgedeckt werden.

1.7.2.3 Ergebnisse

Im Rahmen dieses Untersuchungsprogramms analysierten 3 Institutionen insgesamt 151 Proben. Die Proben stammten aus 13 verschiedenen Warengruppen (Tab. 1-7-2-1) und wurden fast alle auf das Vorhandensein von 25 verschiedene Duftstoffen untersucht (Tab. 1-7-2-2). Für 23 dieser Duftstoffe liegen positive Proben in unterschiedlicher Anzahl vor. Die durchschnittlichen Gehalte der identifizierten Duftstoffe liegen im Bereich von 13 mg/kg bis 331 mg/kg, die maximalen Werte für die Gehalte im Bereich von 13 mg/kg bis 3.400 mg/kg (Tab. 1-7-2-3).

Das Untersuchungsziel wurde erreicht; ein Spektrum von Duftstoffen wurde quantitativ identifiziert.

1.7.3 *Jodpropinylbutylcarbamat (JPBC) in kosmetischen Mitteln*

1.7.3.1 Ausgangssituation

Der Konservierungsstoff Jodpropinylbutylcarbamat (JPBC) ist seit wenigen Jahren für kosmetische Mittel außer zur Mundhygiene und für Lippenkosmetika zugelassen; er wird sowohl

Duftstoff	Anzahl positiver Proben	Gehalt (mg/kg)			
		Mittelwert	90. Perz.	max. Wert	Anzahl >100(mg/kg)
Amylcinnamal	22	142	250	532	11
Amylcinnamylalkohol	2	260	268	270	2
Anisalkohol	1	13	13	13	–
Benzylalkohol	52	77	213	700	10
Benzylbenzoat	9	19	54	98	–
Benzylsalicylat	39	116	286	876	15
Cinnamal	7	186	364	370	4
Cinnamylalkohol	6	75	199	350	1
Citral	29	259	452	810	25
Citronellol	73	194	426	1.200	39
Cumarin	40	75	164	520	5
Eugenol	41	43	85	430	3
Farnesol	1	180	180	180	1
Geraniol	31	198	400	870	19
Hexylcinnamaldehyd	74	170	468	950	30
Hydroxycitronellal	9	166	316	380	4
Hydroxy-Methylpentylcyclohexencarboxaldehyd	17	62	118	320	11
Isoeugenol	7	57	124	130	2
Linalool	85	119	273	1.000	26
Limonen	76	220	495	3.400	32
3-Methyl-4-(2,6,6-trimethyl-2-cyclohexen-1-yl)-3-buten-2-on	53	62	118	320	7
Methylheptincarbonat	2	150	150	150	2
2-(4-tert-Butylbenzyl)propionaldehyd	85	331	886	2.480	50

Tab. 1-7-2-3 Quantitative Angaben zu den in Bedarfsgegenständen zur Reinigung und Pflege nachgewiesenen Duftstoffe.

	Anzahl der positiven Proben	Gehalt an JPBC (mg/kg)	
		durchschnittlich	maximal
„leave-on-Produkte"	67	113	495
„rinse-off-Produkte"	65	114	254
Gesamt	132		

Tab. 7.3.1.1 Gehalt an Jodpropinylbutylcarbamat (durchschnittlich und maximal) von Proben aus der Gruppe der „leave-on-Produkte" bzw. der „rinse-off-Produkte".

in „leave-on-Produkten" wie Sonnenschutzmitteln als auch in „rinse-off-Produkten" wie Shampoos eingesetzt und steht wegen der Thematik „Jodaufname/endokrine Effekte" seitens der skandinavischen Länder in Diskussion. Von dort wurde hinsichtlich JPBC eine Begrenzung auf 20 mg/kg für die „leave-on-Produkte" vorgeschlagen.

Jodpropinylbutylcarbamat (JPBC) gehört zu den Stoffen, die im Rahmen der Biozidrichtlinie bewertet wurden. Nach Auskunft des BfR ist JPBC weder krebserregend noch beeinträchtigt es die Fortpflanzung. JPBC gehört zur umstrittenen Gruppe der halogenorganischen Verbindungen und gilt als reizend und sensibilisierend.

1.7.3.2 Ziel

Das Untersuchungsprogramm sollte eine Übersicht über die quantitative Verwendung von JPBC in den verschiedenen kosmetischen Mitteln liefern (rechtliche Grundlage: Anlage 6 Nr. 56 Kosmetik-Verordnung).

1.7.3.3 Ergebnisse

An dem Untersuchungsprogramm „Jodpropinylbutylcarbamat (JPBC) in kosmetischen Mitteln" beteiligten sich 10 Institutionen mit insgesamt 316 Proben; es wurde damit die geplante Probenanzahl nahezu erreicht. In 132 Proben konnte JPBC nachgewiesen werden (Gehalt: Mittelwert 116 mg/kg; maximaler Wert 495 mg/kg).

Unbenommen möglicher Wirkungen von JPBC (s.o.) erscheint es für weiterführende Überlegungen sachgerecht, den JPBC-Gehalt für die jeweils beprobten „rinse-off-Produkten" und „leave-on-Produkten" gesondert anzugeben[9] (Tab. 7.3.1.1). Bei fast gleichem Probenumfang unterscheidet sich der durchschnittliche JPBC-Gehalt dieser beiden Gruppen nicht; bei dem maximalen JPCB-Gehalt von 495 mg/kg handelt es sich um einen überproportional hohen Einzelwert eines Produktes der Gruppe „Frisiercreme, Pomade, Brillantine".

1.7.4 Antimikrobiell wirksame Substanzen (AWS) in Leder[10]

1.7.4.1 Ausgangssituation

Zum Schutz vor mikrobiellem Verderb oder zur Verhinderung einer Keimbesiedlung werden z. B. Leder-Halbfertigerzeugnisse (wet blues), Farbzubereitungen und ggf. auch andere Hilfsmittel der Lederproduktion mit Pentachlorphenol (PCP) oder anderen antimikrobiell wirksamen Substanzen (AWS)

Tab. 1-7-4-1 Anzahl der Proben aus den Warengruppen, die auf antimikrobiell wirksame Substanzen untersucht wurden.

Warengruppe	Anzahl der Proben
Unterbekleidung (Unterwäsche, Miederwaren, ...) aus textilem Material	11
Unterbekleidung (Unterwäsche, Miederwaren, ...) aus Leder	1
Mittelbekleidung (Hemd, Bluse, Kleid) aus textilem Material	6
Oberbekleidung (Pullover, Hose, Mantel, ...) aus textilem Material	1
Oberbekleidung (Pullover, Hose, Mantel, ...) aus Leder	19
Oberbekleidung (Pullover, Hose, Mantel, ...) aus Materialkombinationen	1
Strumpfwaren (Socken, Strümpfe, ...) aus textilem Material	25
Kopfbedeckung (Hut, Mütze, Kappe, Schleier, ...) aus textilem Material	2
Schal, Halstuch, Fliege aus textilem Material	1
Nachtbekleidung (Schlafanzug, Nachthemd, ...)	5
Badebekleidung (Badehose, Badeanzug, Bikini, ...)	3
Schuhbekleidung (Stiefel, Sandalen, ...) aus Leder	42
Schuhbekleidung (Stiefel, Sandalen, ...) aus Materialkombinationen	25
Handschuhe/Fingerlinge aus textilem Material	1
Handschuhe/Fingerlinge aus Leder	8
Handschuhe/Fingerlinge aus Materialkombinationen	17
Arbeitskleidung (Kittel, ...) aus Leder	2
Gesamt	170

---

[9] Nach Umsetzung der Richtlinie 2007/22/EG der Kommission vom 17. April 2007 zur Änderung der Richtlinie 76/768/EWG des Rates über kosmetische Mittel zwecks Anpassung der Anhänge IV und VI an den technischen Fortschritt (ABl. EU Nr. L 101, S. 11) ist davon auszugehen, dass zu Beginn des Jahres 2008 für JPBC in abzuspülenden Mitteln eine zulässige Höchstkonzentration von 0,02 % und in Mitteln, die auf der Haut verbleiben, eine zulässige Höchstkonzentration von 0,01 % (Desodorierungs/schweißhemmende Mittel: 0,0075 %) festgesetzt wird.

[10] Zum Teil ist das Ziel dieses Untersuchungsprogramms deckungsgleich mit dem von 1.7.1.

antimikrobiell wirksame Substanzen	Anzahl der Proben	Anzahl der positiven Proben	Gehalt (mg/kg)
Benzisothiazolon, 1,2-Benzisothiazolin-3-on	32	0	–
3-Chlor-4-methylanilin	1	0	–
4-Chlor-3-methylphenol	24	0	–
4-Chlor-m-kresol	41	18	79*
5-Chlor-2-methyl-4-isothiazolin-3-on	32	0	–
3-Chloranilin	1	0	–
Dibutylzinn (DBT)	23	21	0,1*
2,4-Dichlorphenol	43	0	–
2,5-Dichlorphenol	43	0	–
Dimethylanilin	2	0	–
2,4-Dimethylanilin	2	0	–
Dioctylzinn (DOT)	23	9	0,03*
Diphenylzinn (DPhT)	23	0	–
Formaldehyd	23	2	209*
Monobutylzinn (MBT)	23	21	0,1*
Monooctylzinn (MOT)	23	16	0,03*
Monophenylzinn (MPhT)	21	0	–
4-Nitrophenol	65	0	–
Orthophenylphenol E 231, o-Phenylphenol	66	8	45*
Pentachlorphenol	137	21	0,6*
Tributylzinn (TBT)	23	0	–
Tetrabutylzinn (TeBT)	21	0	–
Trioctylzinn (TOT)	23	0	–
2,4,6-Trichlorphenol	43	21	0,3*
TCMTB Busan	65	10	429*
2,3,4,6-Tetrachlorphenol	43	9	0,1*
2,3,4,5-Tetrachlorphenol	66	0	–
2,3,5,6-Tetrachlorphenol	43	0	–
2,4,6-Tribromphenol	32	0	–
Trichlorphenol	23	0	–
2,4,5-Trichlorphenol	43	0	–
Triclocarban	32	0	–
Triclosan, Irgasan	56	4	40*
Triphenylzinn (TPhT)	23	0	–

Tab. 1-7-4-2 Liste der antimikrobiell wirksamen Substanzen, auf welche die Lederwaren (und Textilien) untersucht wurden, sowie die Anzahl der jeweiligen Analysen pro Substanz, die Anzahl der davon positiven Proben (mit Angabe des Gehalts; * = Mittelwert).

behandelt. Die Wirkstoffe verhindern eine Keimbesiedlung des Gewebes und sind in höheren Konzentrationen auch für Menschen nicht unbedenklich. Produktion und Anwendung von PCP sind in Europa verboten. PCP ist als Krebs erzeugend für den Menschen eingestuft.

Unter Berücksichtigung der Kriterien Gesamtgehalt als auch Freisetzung (Schweißlässigkeit), dem Anwendungsort und der Aufnahme (abgeschätzt nach dem Robinson-Modell unter Berücksichtigung des Oktanol-Wasser-Verteilungskoffi-zienten und der Molmasse) ordnet das Schweizerische Bundesamt für Gesundheit in seiner Expositionsabschätzung PCP der Stoffgruppe mit hohen Prioritätsindizes zu; d.h. für PCP wird ein relevantes Risiko für möglich erachtet (2005). Die Höchstmenge für PCP gemäß Gefahrstoffverordnung beträgt 5 mg/kg.

Bei Proben, die nach Beschwerden aufgrund von Hautirritationen eingegangen waren, wurden PCP bzw. andere AWS in deutlich messbaren Konzentrationen (>50 mg/kg) bestimmt.

1.7.4.2 Ziel

Im Sinne des vorbeugenden Verbraucherschutzes wurde eine umfassende Datenermittlung zur Belastung von Leder durch ausgewählte antimikrobiell wirksame Substanzen (AWS) für notwendig erachtet, um eine ausreichende Basis für die Festsetzung eventueller Höchstmengen zu erhalten.

1.7.4.3 Ergebnisse

An diesem Untersuchungsprogramm beteiligten sich 7 Institutionen mit insgesamt 170 Proben. Die Proben stammten aus 17 verschiedenen Warengruppen (Tab. 1-7-4-1) und wurden – in unterschiedlicher Intensität – auf das Vorhandensein von 34 verschiedenen antimikrobiell wirksamen Substanzen (AWS) in Leder- (und über das Programmziel hinausgehend auch in anderen Textilien) analysiert (Tab. 1-7-4-2). Positive Proben ergaben sich nach Analyse auf 4-Chlor-m-kresol, Dibutylzinn (DBT), Dioctylzinn (DPT), Formaldehyd, Monobutylzinn (MBT), Monooctylzinn (MOT), Orthophenylphenol E 231, Pentachlorphenol, 2,4,6-Trichlorphenol, TCMTB Busan, 2,3,4,6-Tetrachlorphenol und Triclosan.

Damit ist eine erste Grundlage gegeben, das Spektrum relevanter Substanzen mit antimikrobieller Wirkung festzulegen und unter Berücksichtigung der ermittelten Gehalte die Diskussion zur Festsetzung eventueller Höchstmengen zu beginnen.

1.7.4.4 Literatur

Bundesamt für Gesundheit (2005) Chemikalien in Textilien: Literaturstudie, Modellbildung und Priorisierung nach eventuellen gesundheitlichen Risiken von Textilhilfsmitteln. Im Auftrag des BAG erstellt von Friedlipartner AG, Zürich.

1.7.5 Phthalate und ESBO in Twist-off-Deckeln

1.7.5.1 Ausgangssituation

Schraubverschlüsse (so genannte Twist-off-Deckel) von Flaschen und Gläsern enthalten Dichtmassen, die einen luftdichten Verschluss gewährleisten sollen. Diese Dichtmassen bestehen aus Kunststoff und können Weichmacher wie zum Beispiel epoxidiertes Sojabohnenöl (ESBO) enthalten. Ergebnisse der Schweizer Untersuchungsbehörden von ölhaltigen Lebensmitteln (LM) in Glasverpackungen mit solchen Deckeldichtungen zeigten Gehalte an ESBO in Saucen und ölhaltigen Lebensmitteln im Bereich von 47–580 mg/kg bzw. 85.350 mg/kg; damit wurde in diesen Fällen der spezifische Migrationsgrenzwert (SML) von 60 mg/kg Lebensmittel[II] für ESBO überschritten.

Nach Stellungnahme des BfR überschritten die in Lebensmitteln gefundenen Mengen an ESBO teilweise den TDI-Wert von 1 mg/kg/Tag. Eine akute toxikologische Gefährdung durch ESBO lag nicht vor, grundsätzlich sind hohe Gehalte jedoch unerwünscht (BfR, 2005).

[II] Der SML von 60 mg/kg für ESBO ergibt sich aus dem vom Scientific Committee on Food (SCF) festgelegten (1999) und durch die European Food Safety Authority (2004) bestätigten TDI von 1 Milligramm pro Kilogramm Körpergewicht. Dieser Wert basiert auf der für die Ableitung von Migrationswerten üblichen Annahme, dass eine Person mit 60 kg Körpergewicht täglich 1 kg Nahrung verzehrt, die mit dem fraglichen Stoff belastet ist (BfR, 2005).

Nach einer Studie des Schweizer Bundesamtes für Gesundheit (2005) ist die akute Toxizität von Phthalaten gering; sie können aber in hohen Dosen hormonähnliche Wirkungen haben und möglicherweise die Fortpflanzungsfähigkeit beeinträchtigen. So sind Di(-n)butylphthalat und Di(2-Ethylhexyl)phthalat in der EU als reproduktionstoxisch klassifiziert. In der Schweiz wurden diese beiden Substanzen provisorisch der Giftklasse 1 zugeordnet. Di(-n-)butylphthalat hat mit 60 mg/kg/d auch den tiefsten NOAEL$_{Ratte}$ der betrachteten Phthalate.

Es lagen weitere Erkenntnisse mehrerer europäischer Mitgliedstaaten vor, dass durch den Übergang von Weichmachern der Globalmigrationsgrenzwert bei sehr vielen derartigen Erzeugnissen überschritten wird. Weiterhin werden in den Deckeldichtungen teilweise Phthalate eingesetzt, die aufgrund ihrer gesundheitlichen Bedenklichkeit vom BfR für derartige Einsatzzwecke nicht empfohlen werden (BfR, 2005). Die Hersteller waren im Jahr 2005 bemüht, zumindest die Phthalate durch unbedenkliche Weichmacher zu ersetzen.

1.7.5.2 Ziel

In seiner Stellungnahme zur gesundheitlichen Risikobewertung geht das BfR (2005) u. a. davon aus, dass die in Frage stehenden Deckel nicht für Babynahrung verwendet werden. Zur Abklärung und Beurteilung des gesundheitlichen Risikos von Phthalaten und ESBO in Säuglings- und Kleinkindernahrung aus Glasverpackungen mit Deckeldichtungen aus Polyvinylchlorid auf Metalldeckeln war daher die Erhebung analytischer Daten für derartige Lebensmittel sowie deren Deckel erforderlich.

Das Untersuchungsprogramm sollte eine Statuserhebung in Deutschland ermöglichen und gegebenenfalls die Erfolge der Bemühungen der Hersteller zur Minimierung der Belastung der jeweiligen Lebensmittel mit Phthalaten bzw. ESBO aufzeigen. Aufgrund der flächendeckenden Untersuchungsdaten sollte eine präzise Risikoabschätzung durch das BfR ermöglicht werden.

Tab. 1-7-5-1 Überprüfung von Lebensmitteln in Twist-off-Gefäßen auf den Gehalt an Phthlaten bzw. ESBO.

Dichtungssubstanz	Anzahl der Proben	Anzahl der positiven Proben
DBP Phthalsäuredibutylester	33	0
DBS Sebacinsäuredibutylester	21	21
DEHP Phthalsäurediethylhexylester DOP	51	19
DIDP Phthalsäurediisodecylester	43	6
DINP Phthalsäurediisononylester	52	23
DOA Adipinsäurediethylhexylester, Diethylhexyladipat	20	20
DOS Sebacinsäurediethylhexylester	3	3
ESBO epoxydiertes Sojaöl	179	159
Phthalate berechnet als DEHP bzw. DOP	37	0

Dichtungssubstanz	Anzahl der positiven Proben	Gehalt (mg/kg)		
		Mittelwert	90. Perz.	max. Wert
DBS Sebacinsäuredibutylester	21	19	27	46
DEHP Phthalsäurediethylhexylester DOP	19	165	354	360
DIDP Phthalsäurediisodecylester	6	243	324	342
DINP Phthalsäurediisononylester	23	106	216	355
DOA Adipinsäurediethylhexylester, Diethylhexyladipat	20	50	160	169
DOS Sebacinsäurediethylhexylester	3	18	19	19
ESBO epoxydiertes Sojaöl	159	254	402	503

Tab. 1-7-5-2 Gehalt an Phthalaten bzw. ESBO der positiven Proben (siehe Tab. 1-7-5-1).

1.7.5.3 Ergebnisse

An diesem Untersuchungsprogramm haben sich 3 Institutionen mit insgesamt 189 Proben beteiligt. Die Proben wurden auf das Vorhandensein von max. 9 Substanzen untersucht (Tab. 1-7-5-1).

Die durchschnittlichen Gehalte (und insbesondere die maximalen Gehaltswerte) der Proben an Dichtungssubstanzen liegen mehrheitlich in einem Bereich, der Anlass gibt, ernsthafte Maßnahmen zu ergreifen, um bei der Herstellung von Dichtungsmassen an Schraubverschlüssen endlich die technologischen Möglichkeiten auszunutzen, um den Einsatz der hier verwendeten Dichtungsmassen in den Verschlusssystemen zu minimieren oder zu ersetzen.

1.7.5.4 Literatur

BfR (2005) Übergang von Weichmachern aus Schraubdeckel-Dichtmassen in Lebensmittel. Stellungnahme Nr. 10/2005 vom 14. Februar 2005.

Bundesamt für Gesundheit (2005) Chemikalien in Textilien: Literaturstudie, Modellbildung und Priorisierung nach eventuellen gesundheitlichen Risiken von Textilhilfsmitteln. Im Auftrag des BAG erstellt von Friedlipartner AG, Zürich.

EFSA (2004) Opinion of the Scientific Panel on Food Additives, Flavourings, Processing Aids and Materials in Contact with Food to the use of Epoxidised soybean oil in food contact materials. http://www.efsa.eu.int/science/afc_opinions/467/opinion_afc10_ej64_epox_soyoil_en1.pdf

SCF (1999) Compilation of the evaluation of the Scientific Committee for Food on certain monomers and additives used in the manusfacture of plastic materials intended to come into contact with foodstuffs until 21 March 1997. Reports of the Scientific Committee for Food (42nd series).

1.7.6 Primäre aromatische Amine (PAA) in Küchenutensilien aus Polyamid

1.7.6.1 Ausgangssituation

Im europäischen Schnellwarnsystem (RASFF) wurden im Jahr 2005 vermehrt Schnellwarnungen in Bezug auf primäre aromatische Amine (PAA) in Küchenutensilien aus Polyamid verbreitet; diese Produkte kamen auch in Deutschland in den Verkehr bzw. wurden hier beprobt. Primäre aromatische Amine sind toxikologisch insofern problematisch, weil eine erhebliche Anzahl aus dieser Gruppe beim Menschen und Tieren als krebserzeugend eingestuft werden. Daher dürfen gemäß Bedarfsgegenstände-Verordnung Lebensmittelbedarfsgegenstände aus Kunststoff, die unter Verwendung aromatischer Isocyanate oder durch Diazokupplung gewonnenen Farbstoffen hergestellt worden sind, primäre aromatische Amine (Leitsubstanz ist Anilin) nicht in nachweisbarer Menge abgeben; die Nachweisgrenze ist für Anilin mit 0,020 mg/kg Lebensmittel (oder Simulanz) angegeben. 4,4'-Diaminodiphenylmethan (4,4'MDA) ist im Synoptic Document der EU (DG SANCO D3) in der SCF-Liste mit 4A eingestuft und darf somit in Lebensmitteln nicht nachweisbar sein.

1.7.6.2 Ziel

Es sollten Importeure und kleinere Hersteller wie auch der Handel beprobt werden. Das Ziel sollte sein, Hersteller und Importeure durch verstärkte Überwachung zu vermehrter Sorgfalt anzuhalten, damit diese Gefährdung abgestellt werden kann.

1.7.6.3 Ergebnisse

An diesem Untersuchungsprogramm beteiligten sich 11 Institutionen mit insgesamt 695 Proben von Küchenutensilien aus Polyamid.

In der Gruppe der nicht-füllbaren Küchenutensilien wurden bei 67 von 297 Proben (23%) primäre aromatische Amine festgestellt, davon waren 62 von 253 Proben aus Kunststoff (33%) (Tab. 1-7-6-1). Der höchste Wert lag bei 2170 µg/qdm (Gegenstand zum Kochen/Braten/Backen aus Kunststoff). Dieselbe Probe hatte auch den höchsten Wert für 4,4'Diaminodiphenylmethan. Eine erhöhte Migration von Anilin wurde bei den nicht-füllbaren Bedarfsgegenständen in 22 von 82 Proben (27%) festgestellt, davon waren 18 von 63 Proben aus Kunststoff (29% ohne Kunststoffbeschichtung). 4,4'Diaminodiphenylmethan war in 18 von 78 Proben vorhanden (23%). In Bedarfsgegenständen aus Kunststoff waren 15 von 60 Proben auffällig (25%), der höchste Messwert lag in diesem Fall bei 681 µg/qdm. 2,4'Diaminodiphenylmethan zeigte in 2 von 20 Proben eine erhöhte Migration (10%). Die Kunststoffmaterialien waren nicht zu beanstanden. Für alle anderen in Tab. 1-7-6-1 aufgeführten PAAs konnte keine Migration aus den untersuchten Küchenutensilien nachgewiesen werden.

In der Gruppe der füllbaren Küchenutensilien wurden bei 23 von 89 Proben (26 %) primäre aromatische Amine festgestellt (Tab. 1-7-6-2). Signifikante Migration von PAAs wurden bei den Kunststoffmaterialien, insbesondere bei den Gegenständen zum Kochen/Braten/Backen und Grillen festgestellt. Bei dieser Gruppe waren 13 von 42 Proben (31%) auffällig. Der höchste Messwert betrug 21,6 mg/kg. Bei den Bedarfsgegenständen zur Herstellung und Behandlung von Lebensmitteln aus Kunststoff waren 7 von 21 Messproben zu beanstanden (33%), Höchstwert 6,03 mg/kg. Weitere füllbaren Bedarfsgegenstände aus Kunststoff fielen nicht durch erhöhte Migrationswerte von PAAs auf. Signifikante Migration von Anilin, 4,4'Diaminodiphenylmethan und 2,4'Diaminodiphenylmethan ergaben sich aber bei den Gegenständen zum Kochen/Braten/Backen und Grillen

Tab. 1-7-6-1 Ergebnisse der Untersuchung von nicht-füllbaren Küchenutensilien auf die Migration von primären aromatischen Aminen [Bei den jeweils vier Zahlenangaben handelt es sich, von oben nach unten gelesen, um die Probenanzahl, den Mittelwert (µg/qdm), den max. Wert (µg/qdm) sowie um die Anzahl positiver Proben].

	1,5-Diaminonaphthalin	2,2'-Diaminodiphenylmethan	2,4'-Diaminodiphenylmethan	2,4-Toluylendiamin	2,6-Toluylendiamin	3,3'-Dimethyl-4,4'diaminodiphenylmethan	3,3'-Dimethylbenzidin	4,4'-Diaminodiphenylmethan	4,4'-Oxydianilin	Anilin	Primäre aromatische Amine	Gesamt
Gegenstände zum Kochen Braten/Backen/Grillen (ausgenommen 869000)	4	4	7	4	4	4	4	7	4	8	28	78
	0	0	0,6	0	0	0	0	34,4	0	3,5	4,8	5,2
	0	0	4,3	0	0	0	0	148,1	0	18,9	48,8	148,1
	0	0	2	0	0	0	0	3	0	4	3	12
Sonstige Gegenstände aus Kunststoff zur Herstellung und Behandlung von Lebensmitteln								8		8	65	81
								134,4		3,9	39,9	45,7
								366,5		10,3	1003,0	1003,0
								5		4	10	19
Gegenstände zum Kochen Braten/Backen/Grillen aus Kunststoff (ausgenommen 869000)	2	2	2	2	2	2	2	52	2	55	186	309
	0	0	0	0	0	0	0	50,6	0	2,3	39,2	32,5
	0	0	0	0	0	0	0	681,0	0	29,0	2170,0	2170,0
	0	0	0	0	0	0	0	10	0	14	51	75
Gegenstände aus Kunststoff zum Verzehr von Lebensmitteln											2	2
											0,5	0,5
											1,0	1,0
											1	1
Gegenstände zum Kochen Braten/Backen/Grillen aus Materialkombinationen											2	2
											1,1	1,1
											2,2	2,2
											1	1
Gegenstände zum Kochen Braten/Backen/Grillen mit Kunststoffbeschichtung	11	11	11	11	11	11	11	11	11	11	11	121
	0	0	0	0	0	0	0	0,00	0	0	0,00	0
	0	0	0	0	0	0	0	0,00	0	0	0,00	0
	0	0	0	0	0	0	0	0	0	0	0	0
Bedarfsgegenstände mit Lebensmittelkontakt (BgLm)											2	2
											0	0
											0	0
											0	0
Gegenstände zum Kochen Braten/Backen/Grillen aus Papier/Pappe/Karton											1	1
											0,2	0,2
											0,2	0,2
											1	1
Gesamt	17	17	20	17	17	17	17	78	17	82	297	596
	0	0	0,2	0	0	0	0	50,6	0	2,3	33,7	23,8
	0	0	4,3	0	0	0	0	681,0	0	29,0	2170,0	2170,0
	0	0	2	0	0	0	0	18	0	22	67	109

ohne Materialangabe. Es kann deshalb nicht ausgeschlossen werden, dass bei diesen Gegenständen auch Kunststoffmaterialien verarbeitet worden sein könnten.

Unter der grundsätzlichen Aussage der Bedarfsgegenstände-Verordnung, dass Lebensmittelbedarfsgegenstände aus Kunststoff primäre aromatische Amine nicht in nachweisbarer Menge abgeben dürfen, sind alle im Rahmen dieses Untersuchungsprogramms untersuchten Küchenutensilien, für die eine spezifische PAA-Migration nachgewiesen worden ist, zu beanstanden (wenn auch die in der Verordnung angegebene Nachweisgrenze für Anilin nicht überschritten wurde).

1.7.7 Abgabe von Blei und Cadmium aus Keramikgefäßen

1.7.7.1 Ausgangssituation

Das BfR bewertete die im Jahr 2005 gültigen Grenzwerte für die Abgabe von Blei und Cadmium aus Keramikgegenständen (BfR, 2005). Es kam zu dem Schluss, dass es bei diesen Grenzwerten zu erheblichen Überschreitungen der vorläufig tolerierbaren wöchentlichen Aufnahmemenge (PWTI) kommen kann und hielt eine Absenkung der Grenzwerte für erforderlich.

1.7.7.2 Ziel

Das Untersuchungsprogramm sollte eine Datenbasis liefern, in welcher Höhe die im Jahr 2005 technisch machbare Blei- und Cadmiumabgabe sowie (optional) Barium-, Chrom-, Cobalt- und Zinkabgabe von Keramik- sowie (optional) Glas- und Emaillegefäßen liegen, um so ggf. die im Jahr 2005 gültigen Grenzwerte senken zu können.

Da die Metalllässigkeiten auch bei Glas- und Emaillegefäßen problematisch sein können, war die Erhebung entsprechender Daten wünschenswert und sollte entsprechend den Empfehlungen zur Datenübermittlung an das BVL weitergeleitet werden.

Aufgrund der Diskussion auf europäischer Ebene hinsichtlich der Einführung von Höchstmengen für weitere Elemente sollte zusätzlich auch die Barium-, Chrom-, Cobalt- und Zinkabgabe in das Prüfspektrum übernommen und an das BVL gemeldet werden.

Nähere Angaben zum Dekor waren ebenfalls von Bedeutung, da die Metalllässigkeiten oft von der Art der aufgebrachten Glasur abhängen, bei der Prüfung des Trinkrandes auch, ob sich farbiges Dekor, Goldränder oder Eichmarken im 2-cm-Trinkrandbereich befinden.

	2,4'-Diaminodiphenylmethan	4,4'-Diaminodiphenylmethan	Anilin	Primäre aromatische Amine	Gesamt
Gegenstände zum Kochen Braten/ Backen/Grillen (ausgenommen 869000)	3 13,3 25,7 2	3 478,2 877,0 3	4 41,4 113,3 4	24 270,7 293 3	34 203,2 877,0 12
Sonstige Gegenstände aus Kunststoff zur Herstellung und Behandlung von Lebensmitteln				21 1938,6 6028,0 7	21 1938,6 6028,0 7
Gegenstände zum Kochen Braten/ Backen/Grillen aus Kunststoff (ausgenommen 869000)				42 5046,3 21596,0 13	42 5048,3 21596,0 13
Bedarfsgegenstände mit Lebensmittelkontakt (BgLm)				2 0 0	2 0 0
Gesamt	3 13,3 25,7 2	3 478,2 877,0 3	4 41,4 113,3 4	89 3477,5 21596,0 23	99 2550,3 21596,0 32

Tab. 1-7-6-2 Ergebnisse der Untersuchung von füllbaren Küchenutensilien auf die Migration von primären aromatischen Aminen [Bei den jeweils vier Zahlenangaben handelt es sich, von oben nach unten gelesen, um die Probenanzahl, den Mittelwert (µg/l), den max. Wert (µg/l) sowie um die Anzahl positiver Proben].

1.7.7.3 Ergebnisse

An diesem Untersuchungsprogramm beteiligten sich 19 Institutionen mit insgesamt 2564 Befunden (Tab. 1-7-7-1, 2252 Befunde; Tab. 1-7-7-2, 312 Befunde); der Schwerpunkt der Erhebung lag dabei auf den Gruppen „Gegenstände zum Verzehr von Lebensmitteln aus Keramik" (1606 Befunde bzw. 274 Befunde), „Gegenstände zum Verzehr von Lebensmitteln aus Glas (245 Befunde bzw. 16 Befunde) sowie „Gegenstände zum Kochen/Braten/Backen und Grillen aus Keramik" (153 Befunde).

Für Blei und Cadmium liegen laut Bedarfsgegenständeverordnung vom 10.04.1992 in der Fassung der Bekanntmachung vom 23. Dezember 1997 folgende Grenzwerte vor: (a) Bei Lebensmittelbedarfsgegenstände aus Keramik [füllbare Gegenstände mit einer Fülltiefe von mehr als 25 mm] gilt 4,0 mg/l als Grenzwert für Blei und 0,3 mg/l für Cadmium. (b) Bei Koch- und Backgeräten, Verpackungs- und Lagerbehältnissen mit einem Volumen von mehr als 3 Litern gilt 1,5 mg/l als Grenzwert für Blei und 0,1 mg/l für Cadmium. (c) Bei Lebensmittebedarfsgegenständen aus Keramik [nicht-füllbare Gegenstände sowie füllbare Gegenstände mit einer Fülltiefe bis 25 mm] gilt 0,8 mg/qdm als Grenzwert für Blei und 0,07 mg/qdm als Grenzwert für Cadmium.

Tab. 1-7-7-1 Ergebnisse zur Messung der Migration von Barium, Blei, Cadmium, Chrom, Kobalt sowie Zink aus den Wänden von mit Flüssigkeit füllbaren Koch- oder Backgeräten [Bei den jeweils drei Zahlenangaben handelt es sich, von oben nach unten gelesen, um die Probenanzahl, den Mittelwert (mg/l oder mg/kg) sowie den max. Wert (mg/l oder mg/kg)].

füllbare Koch- oder Backgeräte	Angaben zur Schwermetall-Migration					
	Barium	Blei	Cadmium	Chrom	Kobalt	Zink
Bedarfsgegenstände mit Lebensmittelkontakt (BgLm)		11 0,02 0,15	11 0 0			
Gegenstand zum Kochen/Braten/Backen/Grillen aus Glas (ausgenommen 869015)		11 0 0	11 0 0			
Gegenstand zum Kochen/Braten/Backen/Grillen aus Keramik (ausgenommen 869010)	5 0 0	72 0,62 16,30	71 0 0			5 0 0
Gegenstand zum Kochen/Braten/Backen/Grillen aus Materialkombinationen	1 0 0	1 0 0	1 0 0			1 0 0
Gegenstand zum Kochen/Braten/Backen/Grillen aus Metall lackiert/beschichtet	9 0,05 0,40	30 0,01 0,09	30 0 0,07	9 0,01 0,03	19 0,07 0,58	9 0,08 0,62
Gegenstand zum Verzehr von Lebensmitteln aus Glas	38 0 0,14	59 0,02 0,39	59 0 0,01	21 0 0	28 0 0	40 0,02 0,38
Gegenstand zum Verzehr von Lebensmitteln aus Keramik	129 0,05 2,50	593 0,14 21,00	601 0,03 6,68	81 0 0,02	83 0,18 14,25	119 0,42 21,80
Gegenstand zum Verzehr von Lebensmitteln aus Metall		4 0,03 0,11	4 0 0			
Gegenstand zum Verzehr von Lebensmitteln aus Metall lackiert/beschichtet		3 0 0	3 0 0,01		2 0.04 0,08	
Gegenstand zum Verzehr von Lebensmitteln		25 0 0,07	25 0 0			
Sonstiger Gegenstand zur Herstellung und Behandlung von Lebensmitteln	2 0,01 0,02	3 0,02 0,07	3 0 0	2 0 0	2 0 0	2 0 0
Verpackungsmaterial für Lebensmittel aus Keramik	3 0 0	4 0,02 0,05	4 0 0			3 0,17 0,50
Gesamt	187 0,04 2,50	816 0,16 21,00	823 0,02 6,68	113 0 0,03	134 0,12 14,25	179 0,29 21,80

Grenzwertüberschreitungen für Blei und Cadmium nach (a) und (b) (Tab. 1-7-7-1) waren bei „Gegenständen zum Verzehr von Lebensmitteln aus Keramik" in 10 Fällen (3 Grenzwertüberschreitungen für Blei [Werte zwischen 6,6 bis 21 mg/l aus 593 Befunden; Beanstandungsquote: 0,51%] und 7 Grenzwertüberschreitungen für Cadmium [Werte zwischen 0,5 und 6,7 mg/l aus 601 Befunden; Beanstandungsquote: 1%] zu registrieren. Bei den „Gegenständen zum Kochen/Braten/Backen und Grillen aus Keramik" waren nur Grenzwertüberschreitungen für Blei zu beanstanden; von insgesamt 72 Befunden lagen 5 oberhalb der gesetzlich festgelegten Höchstgrenze von 2,5 mg/l (Werte zwischen 2 und 16 mg/l; Beanstandungsquote: 7%). Bei 71 Befunden zur Cadmiumbelastung wurde keine Grenzwertüberschreitung festgestellt.

Grenzwertüberschreitungen für Blei und Cadmium nach (c) (Tab. 1-7-7-2) lagen in der Gruppe „Gegenstand zum Verzehr von Lebensmitteln aus Keramik" für Blei bei 6 Proben vor, davon 2 Teilproben aus insgesamt 102 Befunden (Messwerte zwischen 2 und 4,82 mg/qdm; Beanstandungsquote: 6%). Werden alle Teilproben herausgerechnet, so reduziert sich die Anzahl der Grenzwertüberschreitungen auf 4 von 98 Befunden (Beanstandungsquote: 4%). Aus derselben Gruppe wurden für Cadmium bei 3 von 99 Befunden Grenzwertüberschreitungen festgestellt (Messwerte zwischen 0,074 und 0,83 mg/qdm; Beanstandungsquote: 3%).

Bei der Gruppe „Gegenstände zum Verzehr von Lebensmitteln aus Glas" (Tab. 1-7-7-2) waren von 4 Befunden (2 Proben mit jeweils 2 Teilproben) alle auffällig durch eine erhöhte Migration von Blei (1. Probe: 1. Teilprobe 5,6 mg/qdm, 2. Teilprobe

16,1 mg/qdm; 2. Probe: 1. Teiprobe 377 mg/qdm, 2. Teilprobe 410 mg/qdm) und Cadmium (1. Probe: 1 Teilprobe 0,3 mg/qdm, 2. Teilprobe 0,8 mg/qdm; 2. Probe: 1. Teilprobe 0,41 mg/qdm, 2. Teilprobe 0,45 mg/qdm). Diese Bedarfsgegenstände fallen jedoch nicht unter die Keramikverordnung und es sind hier keine gesetzlich festgelegten Grenzwerte zu berücksichtigen.

1.7.7.4 Literatur
Bedarfsgegenständeverordnung vom 10. April 1992 (BGBl. I S. 866) Bedarfsgegenständeverordnung in der Fassung der Bekanntmachung vom 23. Dezember 1997.
BfR (2005) Blei und Cadmium aus Keramik. Aktualisierte Stellungnahme Nr. 023/2005 des BfR vom 26. März 2004. http://www.bfr.bund.de/cm/216/blei_und_cadmium_aus_keramik.pdf

1.7.8 Formaldehyd in Holzpuzzle und Steckspielen für Kinder

1.7.8.1 Ausgangssituation
Bisher gibt es für die Abgabe von Formaldehyd aus behandeltem Holz keinen Grenzwert für Kinderspielzeug und andere Spielwaren. Das BfR hat lediglich einen Richtwert für die Raumluft in Höhe von 0,1 ppm Formaldehyd festgelegt (BfR, 2006), der aber auch dann nicht erreicht werden kann, wenn der Richtwert für Holzwerkstoffe (bezogen auf mg Formaldehyd pro kg Material) deutlich überschritten wurde.

1.7.8.2 Ziel
Das Untersuchungsprogramm sollte eine geeignete Datenbasis liefern, anhand der man einen technisch vermeidbaren

Tab. 1-7-7-2 Ergebnisse zur Messung der Migration von Barium, Blei, Cadmium, Chrom, Kobalt sowie Zink aus den Wänden von mit Flüssigkeit nichtfüllbaren Gegenständen [Bei den jeweils drei Zahlenangaben handelt es sich, von oben nach unten gelesen, um die Probenanzahl, den Mittelwert (mg/qdm) sowie den max. Wert (mg/qdm)].

Nicht-füllbare Gegenstände	Angaben zur Schwermetall-Migration					
	Barium	Blei	Cadmium	Chrom	Kobalt	Zink
Gegenstand zum Kochen/Braten/Backen/Grillen aus Glas (ausgenommen 869015)		1 0 0	1 0 0			
Gegenstand zum Kochen/Braten/Backen/Grillen aus Keramik (ausgenommen 869010)		2 0,005 0,007	2 0 0			
Gegenstand zum Verzehr von Lebensmitteln aus Glas	4 0 0	4 202,21 410,10	4 0,50 0,83			
Gegenstand zum Verzehr von Lebensmitteln aus Keramik	19 0 0,01	102 0,24 4,82	99 0,02 0,83	13 0 0	18 0 0,02	23 0,07 1,40
Gegenstand zum Verzehr von Lebensmitteln aus Metall		3 0,02 0,07	3 0 0			
Sonstiger Gegenstand zur Herstellung und Behandlung von Lebensmitteln	2 0 0	3 0,03 0,10	3 0 0	2 0 0		
Gesamt:	25 0 0,01	115 7,24 410,10	112 0,04 0,84	15 0 0,02	18 0,04 0,63	27 0,06 1,40

Signalwert ableiten kann; Ergebnisse aus früheren Jahren zeigen, dass der empfohlene Richtwert von 0,1 ppm weiter gesenkt werden könnte.

1.7.8.3 Ergebnisse

In der Vorbereitung zu diesem Untersuchungsprogramm wurde von der AG Bedarfsgegenstände der LChG angeregt, als Prüfzeiten für den Austritt von Formaldehyd sowohl 24 Stunden (Richtwert des BgVV aus dem Jahr 1989: 110 mg/kg) als auch 3 Stunden (Grenzwert[12] der DIN EN 71-9: 80 mg/kg) vorzusehen. Außerdem gibt es die Allgemeine Regelung der Chemikalien-Verbotsverordnung nach §1 (Ausgasung <0,12 mg/m³ [<0,1 ppm]).

An diesem Untersuchungsprogramm haben sich 13 Institutionen mit insgesamt 324 Proben (637 Teilproben) beteiligt; es wurde die Formaldehydabgabe nach 3 Stunden (Teilproben 1) und nach 24 Stunden (Teilproben 2) Ausgasung bestimmt.[13] In der vorliegenden Auswertung konnten 228 Proben mit gelieferten Ergebnissen zu Teilprobe 1 und Teilprobe 2 berücksichtigt werden (Für die übermittelten Ergebnisse von 95 Proben traf dies nicht zu). Es wurden dabei hauptsächlich Proben von Großteile-Puzzlespielen (für Kinder unter 36 Monaten) [113

Proben], von Spielwaren und Scherzartikeln [48 Probe], von Steckspielen (für Kinder unter 38 Monaten) [13 Proben], von Geduldspielen [15 Proben] und von Lernspielen [5 Proben] ausgewertet (Tab. 1-7-8-1); von dem beprobten Spielzeug konnte nur begrenzt Auskunft gegeben werden über das jeweilige Herkunftsland (Tab. 1-7-8-2).

Grundsätzlich führten die Ergebnisse aus den Untersuchungen mit unterschiedlicher Prüfzeit auch zu einer unterschiedlichen Bewertung der Proben: bei einer Prüfzeit von 24 Stunden liegt die Formaldehydabgabe von 15 % der Proben über dem Richtwert, bei einer Prüfzeit von 3 Stunden liegt die Formaldehydabgabe aber nur von 3 % der Proben über dem Richtwert (Tab. 1-7-8-3). Die Diskussion über die Festlegung eines neuen Richtwertes (und gegebenenfalls über eine Modifizierung des Versuchsablaufes) erscheint damit angezeigt.

1.7.8.4 Literatur

BfR (2006) Inhalative Exposition des Verbrauchers gegenüber Formaldehyd. Aktualisiertes Diskussionspapier des BfR vom 30. April 2005. http://www.bfr.bund.de/cd/7858

Roffael, E. (1988) Formaldehydbestimmung nach der WKI-Flaschen-Methode und hiervon abgeleiteten Verfahren. Holz als Roh- und Werkstoff 46:369–376.

	Anzahl der ausgewerteten Proben	Anzahl der gemeldeten Proben
Großteile-Puzzlespiel (für Kinder unter 36 Monaten geeignet)	133	197
Spielwaren und Scherzartikel (allgemein)	48	48
Steckspiel (für Kinder unter 36 Monaten geeignet)	13	20
Geduldspiel	15	16
Lernspiel (ausgenommen Experimentierkästen)	5	11
Holzbaukasten		6
Spielwaren für Kinder unter 36 Monaten (Babyspielzeug etc.)	3	5
Bauklotzspiel (für Kinder unter 36 Monaten geeignet)	4	5
Rollenspielzeug	1	2
Figur/Puppe	2	2
Bau- und Experimentierkästen (Kreativspiele)		2
Modellspielzeug		1
Ziehfigur (für Kinder unter 36 Monaten geeignet)	1	1
Spielzeuggeschirr		1
sonstige		1
Steckspiel		1
Gesellschaftsspiele	1	1
Werkzeugkoffer	1	1
Figuren-/Puppenzubehör		1
Fahrzeug (für Kinder unter 36 Monaten geeignet)	1	1
Kaufmannsladen und Zubehör		1
Gesamt	228	324

Tab. 1-7-8-1 Art der auf Formaldehydabgabe (Ausgasung) untersuchten Proben.

---

[12] bislang kein rechtsverbindlicher Grenzwert
[13] Untersuchungsergebnisse, die andere Teilprobenummern (0 sowie 3–12) aufwiesen, konnten nicht berücksichtigt werden.

Herkunftsland	Anzahl ausgewerteter Proben	Anzahl gemeldeter Proben
China, einschließlich Tibet	57	78
Frankreich, einschließlich Korsika	1	4
Griechenland		1
Indonesien, einschließlich Irian Jaya	1	2
Niederlande	3	20
Spanien		1
Sri Lanka		1
Thailand		1
nicht mitgeteilt	75	123
ohne Angabe	78	80
ungeklärt	13	13
Gesamt	228	324

Tab. 1-7-8-2 Herkunftsländer der auf Formaldehydabgabe (Ausgasung) untersuchten Proben

Tab. 1-7-8-3 Anzahl der negativen bzw. positiven Proben bei einer Analyse ihres Formaldehydgehaltes mittels einer Prüfzeit von 3 bzw. 24 Stunden sowie die Anzahl der Proben, die mit ihrem Formaldehydgehalt den jeweiligen Richtwert übersteigen (Probenzahl insgesamt: 228).

Prüfzeit	Anzahl negativ	Anzahl positiv	Gehalt Mittelwert	Gehalt max. Wert	Anzahl >110 mg/kg	Anzahl >80 mg/kg
3 h	89 (39%)	139 (61%)	9,5 mg/kg	388 mg/kg	–	7 (3%)
24 h	20 (9%)	208 (91%)	105 mg/kg	2809 mg/kg	35 (15%)	–

1.8

Betriebskontrollen

1.8.1 Rückverfolgbarkeit von Lebensmitteln

1.8.1.1 Ausgangssituation

Artikel 18 der Verordnung (EG) Nr. 178/2002, der seit dem 01.01.2005 in Kraft ist, führt die Rückverfolgbarkeit von Lebens- und Futtermitteln erstmals als generelles Gebot in das Gemeinschaftliche Lebensmittel- und Futtermittelrecht ein (Waldner, 2006). Die Rückverfolgbarkeit von Waren vom Lebensmittelerzeuger bis zur Abgabe an den Verbraucher muss demnach von allen Beteiligten der Lebensmittelproduktionskette sichergestellt werden (siehe hierzu auch: Mäder, 2006; Schiefer, 2006). Gegenstand der Rückverfolgbarkeit sind Lebensmittel und Futtermittel, der Lebensmittelgewinnung dienende Tiere und alle sonstigen Stoffe, die dazu bestimmt sind oder von denen erwartet werden kann, dass sie in einem Lebensmittel oder Futtermittel verarbeitet werden. Die Unternehmen müssen in der Lage sein, ihre unmittelbaren Handelspartner (mit Ausnahme des einzelnen Endverbrauchers) benennen zu können („one step up; one step down").

1.8.1.2 Ziel

Es sollte überprüft werden, ob die angefragten Daten unverzüglich und vollständig verfügbar sind. Da sich die Dokumentationspflicht der Unternehmen nur auf die jeweils nächste Stufe beschränkt, müssen Unternehmen nur ihre unmittelbaren Handelspartner benennen. Dokumente oder Daten können abgefragt werden, wenn davon auszugehen ist, dass sich die Waren noch auf dem Markt befinden.

1.8.1.3 Ergebnisse

Im Rahmen dieses Untersuchungsprogramms sollten mit Vorrang Mostereien, Keltereien und Fruchtsafthersteller daraufhin überprüft werden, ob die nach Artikel 18 der Verordnung (EG) Nr. 178/2002 geforderten Angaben verfügbar sind, um die Rückverfolgbarkeit der jeweiligen Produkte („one step up; one step down") gewährleisten zu können.

Gemäß den Vorgaben der Bekanntmachung des BMELV (2006) wurden insgesamt bei 70 Unternehmen in jeweils drei aufeinander folgenden Monaten die Herkunft bzw. bei 195 Unternehmen der Verbleib von Produkten an Hand der firmeneigenen Dokumentation überprüft; danach wurde im Rahmen dieser Überprüfungen folgende Angaben erfasst: Name und Anschrift des beprobten Unternehmers (gegebenenfalls auch in anonymisierter Form); Art des zu prüfenden Erzeugnisses; Name und Anschrift des Lieferanten (gegebenenfalls auch in anonymisierter Form); Art des gelieferten Erzeugnisses; Name und Anschrift des Abnehmers (gegebenenfalls auch in anonymisierter Form); Art des gelieferten Erzeugnisses; Datum der Lieferung bzw. Abgabe; Umfang oder Menge; gegebenenfalls

Nummer der Charge; genauere Beschreibung des Erzeugnisses (z. B. vorverpackte oder lose Ware, rohes oder verarbeitetes Erzeugnis). Diese Angaben lagen in alle beprobten Unternehmen für Erzeugnisse von Lieferanten bzw. für die Abgabe von Erzeugnissen an Abnehmer vollständig vor. Eine Rückverfolgbarkeit war damit in diesen beprobten Untersuchungen für die hier betroffenen Erzeugnisse sichergestellt.

Zu den darüber hinausgehenden Angaben, wie sie gemäß den Vorgaben der Bekanntmachung des BMELV (2006) auch erfasst werden sollten, soweit sie im Betrieb vorliegen (firmeninternes Rückverfolgbarkeitskonzept; Möglichkeit firmeninterner Rückverfolgbarkeit; Einbindung des Unternehmens in ein stufenübergreifendes Qualitätsmanagement-(QM)-System), liegen im Rahmen dieses Untersuchungsprogramms im Hinblick auf die beprobten Unternehmen keine Angaben vor. Die obige Feststellung der sichergestellten Rückverfolgbarkeit der betreffenden Erzeugnisse in den beprobten Unternehmen wird jedoch davon nicht geschmälert oder in Frage gestellt.

1.8.1.4 Literatur

BMELV (2006) Allgemeine Verwaltungsvorschrift über den bundesweiten Überwachungsplan für das Jahr 2006 (AVV Bundesweiter Überwachungsplan 2006 – AVV BÜp 2006). GMBl Nr. 34/35, pp. 642-692.

Mäder, R. (2006) organicXML – Datenstandard zur Rückverfolgbarkeit und Herkunftssicherung von Öko-Lebensmitteln. J Verbr Lebensm 1:88-91.

Schiefer, G. (2006) Computer support tracking, tracing and quality assurance schemes in commodities. J Verbr Lebensm 1:92-96.

Waldner, H. (2006) Rückverfolgbarkeit als generelles Gebot im Gemeinschaftsrecht. J Verbr Lebens 1:83-86.

1.8.2 GVO-Kennzeichnung und Nachweis in Lebensmitteln (Betriebsprüfung, Probenahme und Untersuchung)

1.8.2.1 Ausgangssituation

Die Verordnungen (EG) Nr. 1829 und 1830/2003 stellen Anforderungen an die Rückverfolgbarkeit und Kennzeichnung von gentechnisch veränderten Lebensmitteln. Nicht nur bei nachweisbaren Anteilen einer gentechnischen Veränderung wird eine Kennzeichnung gefordert, denn Produkte unterliegen nun ebenfalls der Kennzeichnungspflicht, wenn sie aus GVO hergestellt wurden unabhängig von der Nachweisbarkeit (z. B. Sojaöl aus gentechnisch verändertem Soja). Zur Feststellung, ob ein GVO-Anteil eine Kennzeichnungspflicht auslöst, ist nicht ausschließlich der sogenannte „Schwellenwert" von 0,9 % heranzuziehen. Es ist darüber hinaus zu prüfen, ob dieser Anteil zufällig oder technisch nicht zu vermeiden ist.

1.8.2.2 Ziel

Zur Überprüfung der Kennzeichnung müssen verstärkt Betriebskontrollen durchgeführt werden. In der ALS-Arbeitsgruppe „Überwachung gentechnisch veränderter Lebensmittel" wurde ein Fragebogen vorgestellt, der zur Kontrolle der GVO-Kennzeichnung herangezogen werden kann (ALS-Stellungnahme, 2007; Waiblinger et al., 2007 a und 2007 b). Dieser sollte auch für dies bundesweite Überwachungsprogramm eingesetzt werden. Zur Fragestellung, ob ein GVO-Anteil „tech-

nisch nicht zu vermeiden ist", sind u. a. folgende Parameter zu berücksichtigen: Pflanzenart, Anbausituation, Verfügbarkeit, Praktikabilität, Zumutbarkeit sowie Erfahrungswerte aus Untersuchungsergebnissen. Diese Erfahrungswerte aus Untersuchungsergebnissen sollten im Rahmen des bundesweiten Überwachungsprogramms in den Jahren 2005 und 2006 systematisch erhoben werden.

1.8.2.3 Ergebnisse

Im Rahmen dieses Untersuchungsprogramms wurden dem BVL Daten von Betriebsüberprüfungen von 14 Betrieben (2 Importeure und Erstverarbeiter von Rohstoffen auf der Basis von Soja, Mais und Raps sowie 12 Hersteller von verarbeiteten Erzeugnissen aus Soja, Mais und Raps) übermittelt.

Weder vertrieben beide Importfirmen noch verarbeiteten sie Erzeugnisse, die aus GVO bestehen, GVO enthalten oder aus GVO hergestellt werden; beide Betriebe konnten eigene Untersuchungsergebnisse und/oder Zertifikate zu gentechnischen Veränderungen vorlegen. Ein Betrieb konnte diese Nachweise chargenbezogen erbringen und ein Betrieb hob die Nicht-Anwendung gentechnischer Verfahren durch entsprechende Angaben (z. B. „ohne Gentechnik") hervor. Zehn Proben wurden bei diesen beiden Betrieben entnommen.

Von den 12 Betrieben, die Waren aus verarbeiteten Erzeugnissen aus Soja, Mais und Raps herstellen, gaben zwei Betriebe an, Erzeugnisse zu vertreiben oder zu verarbeiten, die aus GVO bestehen, GVO enthalten oder aus GVO hergestellt werden. Alle 12 Betriebe konnten eigene Untersuchungsergebnisse und/ oder Zertifikate zu gentechnischen Veränderungen vorlegen; davon erbrachten 7 Betriebe diese Nachweise chargenbezogen. In 4 Betrieben wurde die Nichtanwendung gentechnischer Verfahren mittels IP-System zertifiziert. 16 Proben wurden bei den 12 Betrieben entnommen. Bei diesen 12 Betrieben wurden die Anforderungen an die Rückverfolgbarkeit gem. Art. 4 und 5 VO (EG) Nr. 1830/2003 eingehalten sowie die Anforderungen an die GVO-Kennzeichnung erfüllt. Maßnahmen mussten insofern nicht ergriffen werden.

Tab. 1-8-2-1 Nicht allgemein repräsentative Ergebnisse von hauptsächlich Verdachtsüberprüfungen auf gentechnische Veränderungen.

Überprüfung auf eine getechnische Veränderung (entweder nicht näher spezifiziert oder Angabe der Ziel-Sequenz)	Gesamtzahl der Proben	Anzahl der positiven Proben
Raps	7	0
Soja	27	6
Mais	18	1
Promotor des CaMV35S	11	6
Zein-Gen (Mais)	3	3
Invertase-Gen (Mais)	9	6
Lectin-Gen (Soja)	22	20
Plastidäre Transit-Signal-Sequenz aus *Petunia hybrida*	18	0

Über die Angaben zu diesem BÜp-Programm hinausgehend wurden dem BVL auch Daten von insgesamt 7 Institutionen übermittelt, die mehrheitlich die Ergebnisse der Analysen von Verdachtsproben wiedergeben; der jeweilige Prüfungsgegenstand wurde jedoch nicht einheitlich bezeichnet, so dass in der Tab. 1-8-2-1 sowohl für einige Analysen angegeben ist, nach welcher Gensequenz beprobt wurde, als auch für andere Analysen sehr unspezifisch angemerkt wird, dass es sich um die Untersuchung auf z. B. gentechnisch veränderten Raps handelt. Es wird ausdrücklich betont, dass eine generelle Aussage über die Häufigkeit von postiven Proben in Bezug auf gentechnische Veränderungen aufgrund dieser Ergebnisse nicht sachgerecht ist.

1.8.2.4 Literatur

ALS-Stellungnahme (2007) Probenahmeschema Gentechnik (2007/42). J Verbr Lebensm 2:439-444.
Waiblinger, H.-K. et al. (2007a) „Technically unavoidable" internes of genetically modified organisms – an approach for food control. J Verbr Lebensm 2:126–129.
Waiblinger, H.-K. et al. (2007b) Der Begriff „technisch nicht zu vermeiden" – Ansätze zur Interpretation bei der Kontrolle von gentechnisch veränderten Lebensmitteln. Dtsch Lebensm Rundsch. 103:97–100.

1.8.3 Einhaltung der vorgeschriebenen Temperaturen bei tiefgefrorenen Lebensmitteln während des Versands und im Einzelhandel

1.8.3.1 Ausgangssituation

In der Verordnung über tiefgefrorene Lebensmittel vom 29. Oktober 1991 ist unter anderem festgelegt, dass die Temperatur derartiger Lebensmittel bis zur Abgabe an den Verbraucher an allen Punkten des Erzeugnisses ständig bei –18 °C oder tiefer gehalten werden muss (mit wenigen zulässigen Ausnahmen).

Außerdem ist vorgeschrieben, dass die Lufttemperaturen regelmäßig gemessen und aufgezeichnet werden müssen.

Die Sicherstellung einer ununterbrochenen Kühlkette ist für die Haltbarkeit dieser Produkte von entscheidender Bedeutung. Produkte, deren Kühlkette teilweise unterbrochen war, können beispielsweise ihre sensorischen Eigenschaften verlieren oder eine erhöhte mikrobielle Belastung bei der Abgabe an den Verbraucher aufweisen.

1.8.3.2 Ziel

Über die Kontrolle der Einhaltung der ununterbrochenen Kühlkette liegt den Ländern umfangreiches Datenmaterial vor. Ziel dieses Untersuchungsprogramms war es, Daten nach einem einheitlichen Muster zu erheben, um in dieser Hinsicht einen Überblick über das gesamte Bundesgebiet zu gewinnen.

1.8.3.3 Ergebnisse

Im Rahmen dieses Untersuchungsprogramms wurden insgesamt 6.790 Betriebsprüfungen hinsichtlich vorgeschriebener Temperaturen bei tiefgefrorenen Lebensmitteln durchgeführt (Tab. 1-8-3-1). Der prozentuale Anteil der Betriebe, in denen diese vorgeschriebene Temperatur nicht eingehalten wurde, ist abhängig von der jeweiligen Betriebsart; in der Gastronomie", bei „Importeuren" und bei „Herstellern" liegt er bei etwa 4,5 %, bei „Supermärkten" dagegen bei 9,5 % und beim „Versand" bei 17,8 %. Außer beim „Versand" waren die Mängel bei der Messung der Lufttemperatur weniger auf die technischen oder sonstigen Anforderungen der Temperaturmessgeräte zurückzuführen als vielmehr auf die Regelmäßigkeit der Messungen und ihre Dokumentation. Damit korreliert bei den getroffenen Maßnahmen bei Verstößen die relativ hohe Anzahl an mündlichen bzw. schriftlichen Verwarnungen sowie die Forderung nach einer verbesserten innerbetrieblichen

Tab. 1-8-3-1 Ergebnisse der Betriebsprüfungen hinsichtlich vorgeschriebener Temperaturen bei tiefgefrorenen Lebensmitteln.

| Betriebsart | Anzahl der kontrollierten Betriebe insgesamt | Anzahl der Betriebe, in denen die vorgeschriebene Temperatur der Proben während der Kontrolle nicht eingehalten wurde | Anzahl der Betriebe, bei denen Mängel bei der Messung der Lufttemperatur festgestellt wurden bzgl. der | | | Getroffene Maßnahmen bei Verstößen | | | | | |
			Technischen und sonstigen Anforderungen an die Temperaturmessgeräte	Regelmäßigkeit der Messungen	Dokumentation der Messungen	keine	Mündliche Verwarnung	Schriftliche Verwarnung	Verbesserte innerbetriebliche Überwachung gefordert	Verwaltungssanktion	Gerichtliche Sanktion
Gastronomie	4259	187 (4,4 %)	132	489	858	23	301	269	631	46	4
Supermärkte	1888	184 (9,5 %)	80	118	232	134	216	53	191	21	8
Importeure	41	2 (4,8 %)	1	8	5	3	6	1	5	0	0
Hersteller	517	22 (4,2 %)	8	66	83	4	43	10	50	1	0
Versand	85	15 (17,8 %)	9	8	8	3	7	3	9	6	0

Überwachung insbesondere bei der „Gastronomie" und den „Supermärkten". Welche Bedeutung diesen Überwachungen zukommt, wird daran deutlich, dass bei der „Gastronomie" und den „Supermärkten" sogar 46 bzw. 21 Verwaltungssanktionen sowie 4 bzw. 8 gerichtliche Sanktionen notwendig waren.

1.8.3.4 Literatur
Verordnung über tiefgefrorene Lebensmittel (TLMV) neugefasst durch Bekanntmachung vom 22. Februar 2007, BGBl. I, S. 258, zuletzt geändert durch Artikel 12 Verordnung vom 08. August 2007, BGBl. I, S. 1816.

1.8.4 Allergenkennzeichnung

1.8.4.1 Ausgangssituation
Bestimmte Zutaten oder andere Stoffe können, wenn sie bei der Herstellung von Lebensmitteln verwendet werden und noch in

Tab. 1-8-4-1 Ergebnisse der Analysen von Schokoladen und Schokoladenerzeugnissen auf allergenes Haselnuss- (H), Erdnuss- (E) bzw. Mandelprotein (M).

Warengruppe	Probenanzahl	positiv
Schokoladen und Schokoladenwaren	220	14 (H)
davon Schokolade	15	
Schokolade gefüllt	5	
Schokolade mit Qualitätshinweis	7	
Milchschokolade	55	
Milchschokolade gefüllt	17	
Milchschokolade mit Qualitätshinweis	29	
Weiße Schokolade	7	
Schokoladenüberzugsmasse Kuvertüre	11	
Schokoladestreusel Schokoladeflocken	6	
Pralinen	5	
Sonstige	13	
Kakaomasse	3	
Nougatmasse	2	
Marzipanrohmasse	1	
Marzipan überzogen	2	
Schokolade dragiert	3	
Kanditen	2	
Fondantkrem	2	
Gesamt	250	14

diesen vorhanden sind, bei Verbrauchern Allergien oder Unverträglichkeiten auslösen, die eine Gefahr für die Gesundheit der davon betroffenen Personen darstellen können.

Die Dritte Änderung der Lebensmittelkennzeichnungsverordnung trat am 24. November 2005 in Kraft. Damit wurde die Richtlinie 2003/89/EG zur Kennzeichnung allergener Zutaten in nationales Recht umgesetzt. Die Kennzeichnung von Zutaten, die allergische oder andere Unverträglichkeiten auslösen können, wie z.B. glutenhaltige Getreide, Krebstiere, Eier, Fisch, Erdnüsse, Soja, Milch, Schalenfrüchte, Sellerie, Senf oder SO$_2$ soll überwacht werden.

Unbeabsichtigte Beimischungen zu Lebensmitteln gelten nicht als Zutat und unterliegen somit nicht der Kennzeichnungspflicht. Einige Hersteller nehmen einen freiwilligen Warnhinweis aus Gründen der Produkthaftpflicht in die Kennzeichnung mit auf (Produkthaftungsgesetz). Allerdings darf solch ein Hinweis einen Hersteller nicht davon befreien, sein Möglichstes zur Vermeidung von unbeabsichtigten oder technisch unvermeidbaren Kontaminationen zu tun. Problematisch hierbei ist es, dass es keine Schwellenwerte für relevante Allergierisiken gibt. Ziel des Untersuchungsprogramms sollte es daher auch sein, Kriterien für die technische Vermeidbarkeit zu entwickeln.

Bei der Umsetzung ist zu berücksichtigen, dass Lebensmittel, die diesen Vorgaben noch nicht entsprachen, noch bis zum 24. November 2005 nach den bis zum 12. November 2004 geltenden Vorschriften gekennzeichnet und auch nach dem 24. November 2005 noch bis zum Aufbrauchen der Bestände in den Verkehr gebracht werden konnten. Die verfügbaren Analysemethoden, deren Sensitivität und die Verfügbarkeit von Referenzmaterial waren in dem Programm zu berücksichtigen.

1.8.4.2 Ziel
Im Rahmen von Betriebskontrollen sollte bei Herstellern und Verarbeitern von Schokoladen und Schokoladenerzeugnissen geprüft werden, inwieweit diese Maßnahmen geeignet waren, um unbeabsichtigte oder technisch vermeidbare Kontamination mit allergenen Stoffen („Cross Contacts") zu vermeiden. Gegebenenfalls sollten Probenahmen erfolgen und Erdnuss- und Haselnusskontaminationen möglichst quantitativ untersucht werden. Auf dieser Datengrundlage sollte versucht werden, Kriterien für die technische Vermeidbarkeit zu entwickeln.

1.8.4.3 Ergebnisse
Im Rahmen dieses Untersuchungsprogramms analysierten 7 Institutionen insgesamt 250 Proben hauptsächlich aus der Warengruppe Schokoladen und Schokoladenwaren (Tab. 1-8-4-1). Die Proben wurden auf das Vorhandensein von Haselnuss- (78 Proben), Erdnuss- (129 Proben) bzw. Mandelprotein (43 Proben) untersucht. In 14 Proben aus der Warengruppe Schokoladen und Schokoladenwaren (eine weitere Spezifizierung liegt für diese Proben nicht vor) wurde Haselnussprotein nachgewiesen (18 %); Erdnuss- und Mandelprotein konnten in den Proben nicht nachgewiesen werden. Quantitative Angaben wurden nicht gemacht.

1.8.4.4 Literatur
Richtlinie 2003/89/EG zur Kennzeichnung allergener Zutaten.

2

Nationale Berichterstattung an die EU

2.1

Bericht über die amtliche Lebensmittelüberwachung in Deutschland[1]

2.1.1   Rechtsgrundlage

„Der freie Verkehr mit Lebensmitteln ist eine wesentliche Voraussetzung des Binnenmarktes. Dieses Prinzip setzt voraus, dass bei der Zubereitung, Verarbeitung, Herstellung, Verpackung, Lagerung, Beförderung, Verteilung, Behandlung und beim Anbieten zum Verkauf oder zur Lieferung an den Verbraucher zu jedem Zeitpunkt Vertrauen in den Standard der gesundheitlichen Unbedenklichkeit, vor allem jedoch in den Standard der Hygiene der im freien Verkehr befindlichen Lebensmittel besteht. Der Schutz der menschlichen Gesundheit ist ein vorrangiges Anliegen. Der Gesundheitsschutz ist Gegenstand der Richtlinie 89/397/EWG des Rates vom 14. Juni 1989 über die amtliche Lebensmittelüberwachung sowie einschlägier besonderer Vorschriften. Die Lebensmittelüberwachung zielt hauptsächlich auf die Lebensmittelhygiene ab. Die Richtlinie 89/397/EWG regelt im Wesentlichen die Inspektion, Probenahme und Analyse von Lebensmitteln und sollte durch Bestimmungen zur Verbesserung des Lebensmittelhygieneniveaus und zur Verstärkung des Verbrauchervertrauens in den Standard der Hygiene von im freien Verkehr befindlichen Lebensmitteln ergänzt werden" (aus Richtlinie 89/397/EWG).

2.1.2   Ergebnisse zu den im Labor untersuchten Proben

Im Jahr 2006 wurden insgesamt 407.815 Proben im Labor untersucht (Tab. 2-1-1). Davon entfallen 373.248 Proben auf Lebensmittel einschließlich Zusatzstoffe (91,5% der Gesamtproben), 12.569 Proben auf Gegenstände mit Lebensmittelkontakt (3,1%) und 21.998 Proben auf andere Matrizes (5,4%). Wie in den Vorjahren wurden mit 77.414 Proben und 40.565 Proben insbesondere Fleisch, Wild, Geflügel und Erzeugnisse daraus (entspricht 19,1% der Proben) bzw. Milch- und Milchprodukte (entspricht 9,9% der Proben) untersucht. Es folgen Obst und Gemüse (37.661 Proben; 9,2% der Proben), Getreide und Back-

waren (33.622 Proben; 8,2% der Proben) und Wein (24.034 Proben; 5,9% der Proben).

Von den 407.815 Proben wurden insgesamt 62.156 Proben beanstandet, das sind 15,2% aller Proben. Dieser Wert entspricht in etwa dem der vergangenen Jahre (2005: 15,3%; 2004: 14,9%; 2003: 15,0%; 2002: 15,4%).

Bei den Lebensmitteln weist – im Gegensatz zum Vorjahr - nicht die Warengruppe „Eis und Desserts" die höchste Beanstandungsquote auf, sondern die Warengruppe „Fleisch, Wild, Geflügel und Erzeugnisse daraus" mit 21,4%. Es folgen die Warengruppe „Zuckerwaren" mit 19,9% sowie die Warengruppe „alkoholische Getränke" mit einer Beanstandungsquote von 17,1%. Die Warengruppe „Eis und Desserts" liegt an 5. Stelle mit einer Quote von 16,0% und damit gut fünf Prozentpunkte niedriger als im Vorjahr. Der prozentuale Anteil der Proben mit Verstößen liegt bei den Lebensmittel-Bedarfsgegenständen bei 13,2 Prozent. Die niedrigste Verstoßquote findet sich wie im Vorjahr in der Gruppe der Zusatzstoffe mit 7,5%.

Insgesamt wurden 68.634 Verstöße registriert. In der Gesamtheit der gemeldeten Verstöße stehen Verstöße gegen die Kennzeichnung bzw. Aufmachung an erster Stelle (46,0%), gefolgt von Verstößen in Bezug auf mikrobiologische Verunreinigungen (16,6%), auf die Zusammensetzung (16,4%) oder Verunreinigungen (10,0%). Die Summe aller anderen, nicht spezifizierten Verstöße beträgt 11,0%.

2.1.3   Anzahl und Art der festgestellten Verstöße bei Kontrollen vor Ort

Für das Jahr 2006 wurden insgesamt 1.067.330 Kontrollbesuche in 590.010 Betrieben gemeldet. Die Zahl der Betriebe wird insgesamt mit 1.179.330 angegeben (Tab. 2-1-2); somit wurden nach den eingegangenen Meldungen im Jahre 2006 50,0% aller Betriebsstätten kontrolliert. Von der Gesamtzahl der überwachten Betriebe entfielen - ähnlich den Zahlen des Vorjahres - 1,7% der Kontrollen auf Vertriebsunternehmer und Transporteure, 1,9% auf Hersteller und verpackende Betriebe sowie 3,4% auf Erzeuger. 7,5% der kontrollierten Betriebe waren Hersteller, die im Wesentlichen auf der Einzelhandelsstufe verkaufen, 34,8% Einzelhändler und 50,8% Dienstleistungsbetriebe.

Bei 138.128 Betrieben mit festgestellten Verstößen liegt die im Vergleich zum Vorjahr leicht gestiegene Beanstandungsquote bei 23,4%. Die Beanstandungsquoten verteilen sich wie folgt: Bei 31,2% der Hersteller und verpackenden Betrieben, bei

[1] Berichterstattung zur amtlichen Lebensmittelüberwachung gemäß Artikel 14 Abs. 2 der Richtlinie 89/397/EWG des Rates vom 14. Juni 1989. Diese Richtlinie ist derzeit nicht mehr in Kraft.

Tab. 2-1-1 Amtliche Lebensmittelüberwachung vor Ort: Anzahl und Art der festgestellten Verstöße im Jahr 2006 in der Bundesrepublik Deutschland.

Produktgruppe	Mikrobiologische Verunreinigungen	Andere Verunreinigungen	Zusammensetzung	Kennzeichnung/ Aufmachung	Andere	Zahl der Proben mit Verstößen	Gesamtzahl der Proben	Prozentualer Anteil der Proben mit Verstößen
Milch und Milchprodukte	1.630	191	948	2.564	782	5.545	40.565	13,7%
Eier und Eiprodukte	51	61	35	514	225	799	8.000	10,0%
Fleisch, Wild, Geflügel und Erzeugnisse daraus	4.156	1.882	3.016	8.384	1.337	16.547	77.414	21,4%
Fische, Krusten-, Schalen-, Weichtiere und Erzeugnisse daraus	474	611	381	1.032	375	2.625	21.068	12,5%
Fette und Öle	12	598	164	370	132	1.181	8.435	14,0%
Suppen, Brühen, Saucen	214	61	249	1.045	61	1.508	10.599	14,2%
Getreide und Backwaren	643	672	621	2.222	391	4.338	33.622	12,9%
Obst und Gemüse	312	1.252	445	1.743	394	3.841	37.661	10,2%
Kräuter und Gewürze	35	131	132	607	60	864	7.790	11,1%
Alkoholfreie Getränke	282	381	242	1.742	411	2.769	17.590	15,7%
Wein	4	31	1.580	2.104	435	3.356	24.034	14,0%
Alkoholische Getränke (außer Wein)	164	155	196	1.521	279	1.975	11.533	17,1%
Eis und Desserts	1.326	66	474	1.117	781	3.692	23.085	16,0%
Schokolade, Kakao und kakaohaltige Erzeugnisse, Kaffee, Tee	20	103	133	778	89	990	9.818	10,1%
Zuckerwaren	15	94	119	1.622	380	1.938	9.761	19,9%
Nüsse, Nusserzeugnisse, Knabberwaren	42	223	123	240	506	1.099	8.081	13,6%
Fertiggerichte	279	161	340	799	130	1.560	11.622	13,4%
Lebensmittel für besondere Ernährungsformen	27	59	670	1.056	254	1.863	11.056	16,9%
Zusatzstoffe	13	22	16	55	10	114	1.514	7,5%
Gegenstände und Materialien mit Lebensmittelkontakt	22	48	861	806	34	1.665	12.569	13,2%
Andere	1.673	58	495	1.266	487	3.887	21.998	17,7%
Gesamt	11.394	6.860	11.240	31.587	7.553	62.156	407.815	15,2%

Tab. 2-1-2 Amtliche Lebensmittelüberwachung vor Ort: Anzahl und Art der festgestellten Verstöße (*) im Jahr 2006 in der Bundesrepublik Deutschland.

	Erzeuger (Urproduktion)	Hersteller und Abpacker	Vertriebsunter-nehmer und Transporteure	Einzelhändler (Einzelhandel)	Dienstleistungs-betriebe	Hersteller, die im wesent-lichen auf der Einzel-handelsstufe verkaufen	Insgesamt
Zahl der Betriebe	177.942	18.945	24.351	372.146	513.586	72.360	1.179.330
Zahl der kontrollierten Betriebe	20.031	11.146	9.871	205.335	299.594	44.033	590.010
Zahl der Kontrollbesuche	28.897	57.286	27.147	369.989	495.975	88.036	1.067.330
Zahl der Betriebe mit Verstößen (*)	2.221	3.474	2.063	39.371	78.267	12.732	138.128
Art der Verstöße (*)							
Hygiene (HACCP, Ausbildung)	339	1.038	641	10.023	24.359	3.983	40.383
Hygiene allgemein	1.013	2.342	1.170	25.888	63.813	10.009	104.235
Zusammensetzung (nicht mikrobiologisch)	85	308	303	1.590	1.519	694	4.499
Kennzeichnung und Aufmachung	617	1.111	937	12.590	16.908	3.193	35.356
Andere Verstöße	808	633	547	5.154	9.656	1.611	18.409

(*) Nur diejenigen Verstöße sind aufgeführt, die zu formellen Maßnahmen der zuständigen Behörden im Sinne der Leitlinien geführt haben.

28,9 % der Hersteller, die im Wesentlichen auf der Einzelhandelsstufe verkaufen, und bei 26,1 % der Dienstleistungsbetriebe wurden Verstöße festgestellt. Ebenso wurden bei 19,2 % der kontrollierten Einzelhandelsbetriebe, bei 20,9 % der besuchten Vertriebsunternehmer und Transporteure sowie bei 11,1 % der überwachten Erzeuger von der Lebensmittelüberwachung formelle Maßnahmen wegen Verstöße eingeleitet.

Bei allen Kontrollen vor Ort stellen allgemeine Hygienemängel die häufigsten Verstöße dar, gefolgt von Mängeln im Bereich der Hygiene (innerbetriebliche Kontrollen, HACCP, Ausbildung). An dritter Stelle stehen die Mängel bei der Kennzeichnung und Aufmachung und danach folgen „andere" Verstöße. Unter die Rubrik „Zusammensetzung (nicht mikrobiologisch)" fallen Verstöße, die Mängel der Rohstoffe, Rückstände, unzulässige Veränderungen, unzulässige Zutaten und Stoffe, Anwendung unzulässiger Verfahren und Ähnliches betreffen. Hier wurden bei allen Betriebsarten die wenigsten Beanstandungen registriert.

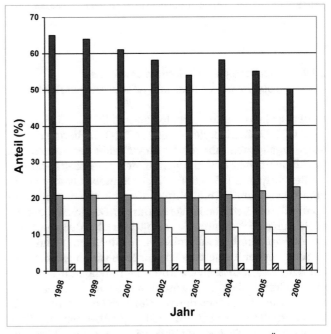

Abb. 2-1-1 Amtliche Lebensmittelüberwachung der Länder: Übersicht über den prozentualen Anteil der kontrollierten Betriebe bezogen auf die Gesamtanzahl der Betriebe (schwarze Säulen), den prozentualen Anteil der kontrollierten Betriebe mit Verstößen bezogen auf die Gesamtzahl der Betriebe (graue Säulen) und den prozentualen Anteil der kontrollierten Betriebe mit Verstößen bezogen auf die Gesamtzahl der kontrollierten Betriebe (weiße Säulen) in der Bundesrepublik Deutschland im Zeitraum von 1998–2006 sowie über die durchschnittliche Kontrollfrequenz der Betriebe (schraffierte Säulen) in der Bundesrepublik Deutschland während dieses Zeitraums.

Tab. 2-1-3 Amtliche Lebensmittelüberwachung der Länder: Gesamtübersicht für die Bundesrepublik Deutschland im Zeitraum 1998 bis 2006[*]

	1998	1999	2001	2002	2003	2004	2005	2006	Mittelwert
Zahl der Betriebe	1.085.817	1.123.667	1.108.980	1.092.954	1.178.229	1.040.300	1.134.702	1.179.330	1.117.997
Zahl der kontrollierten Betriebe	705.336	724.680	678.739	636.798	639.435	605.962	621.624	590.010	650.323
Zahl der Kontroll-besuche	1.322.389	1.344.562	1.219.853	1.188.769	1.179.012	1.142.045	1.135.004	1.067.330	1.199.871
Zahl der Betriebe mit Verstößen	150.615	154.508	142.092	127.961	127.995	125.909	138.959	138.128	138.271
Anteil kontrollierter Betriebe an der Gesamtzahl der Betriebe	65%	64%	61%	58%	54%	58%	55%	50%	58%
Anteil der Betriebe mit Verstößen an der Gesamtzahl der Betriebe	14%	14%	13%	12%	11%	12%	12%	12%	12%
Anteil der Betriebe mit Verstößen an der Zahl der kontrollierten Betriebe	21%	21%	21%	20%	20%	21%	22%	23%	21%
Durchschnittliche Kontrollfrequenz bezogen auf die kontrollierten Betriebe	1,9	1,9	1,8	1,9	1,8	1,9	1,8	1,8	1,8

[*] Zur Bewertung der folgenden Angaben muss angemerkt werden, dass für die Jahre 1998 und 2004 nicht von allen Ländern Daten vorliegen.

2.1.4 Trendanalyse der Daten zur amtlichen Lebensmittelüberwachung (Fortschreibung 2006)[2]

In Deutschland waren in den 16 Ländern im Jahr 2006 insgesamt 1.179.330 Betriebe gemeldet (Tab. 2-1-3). Im Vergleich zum vorangegangenen Jahr hat die Gesamtzahl der Betriebe im Jahr 2006 um 44.628 (4%) zugenommen. Gleichzeitig wurden im Berichtsjahr 2006 31.614 weniger Betriebe als im Vorjahr kontrolliert. Damit ist die Kontrollintensität, also der Anteil der kontrollierten Betriebe im Verhältnis zur Gesamtzahl der Betriebe, um ca. 5 Prozentpunkte auf 50% im Jahr 2006 gesunken. Der Abwärtstrend der Kontrollintensität der letzten Jahre wurde somit weiter fortgesetzt. Im Jahr 1998 waren es noch 65% der Betriebe, in denen eine Kontrolle durchgeführt worden war. Im Berichtsjahr 2006 wurden nur noch in ca. der Hälfte aller Betriebe Kontrollen durchgeführt (siehe auch Abb. 2-1-1). Die Kontrollfrequenz hat sich 2006 gegenüber den Vorjahren nicht verändert. Sie liegt seit 1998 bei ca. 1,8 Kontrollbesuchen je kontrolliertem Betrieb (Abb. 2-1-1).

Seit 2003 nimmt der Anteil der Betriebe zu, bei denen Verstöße registriert werden. Auch im Jahr 2006 ist im Vergleich zum Vorjahr dieser Anteil wieder leicht gestiegen, und zwar um einen Prozentpunkt. Bei 23% der kontrollierten Betriebe wurden Verstöße festgestellt (Tab. 2-1-3). Der Anteil der Betriebe mit Verstößen bezogen auf die Gesamtzahl aller Betriebe Deutschlands beträgt wie in den Vorjahren 12%, d. h. dass ca. über jeden achten Betrieb Verstöße gemeldet wurden (Tab. 2-1-3).

Die Trendanalyse der bundesweiten Daten zur amtlichen Lebensmittelüberwachung zeigt also bei einer rückläufigen Entwicklung der Kontrollintensität einen leichten Anstieg des Anteils der Betriebe, in denen Verstöße registriert wurden. Dies könnte auf ein stärker risikoorientiertes Vorgehen der Kontrolle hinweisen.

Für die meisten Bundesländer ist der Verlauf der Überwachungsintensität relativ konstant. Bei einigen ist jedoch ein Trend hin zu geringerer Überwachungsintensität feststellbar. In einigen Fällen treten stärkere Schwankungen zwischen den Jahren auf. Ob diese auf Veränderungen in der Überwachungsintensität, in der Datenerhebung, im Berichtsumfang oder – im Falle der Überwachungsergebnisse – auf Veränderungen der Situation in den Betrieben zurückzuführen sind, kann aus den vorliegenden Daten nicht abgeleitet werden. Allerdings ergibt sich naturgemäß ein durchaus heterogenes Bild, wenn von den Ländern der prozentuale Anteil der Betriebe, bei denen Verstöße festgestellt wurden, bezogen auf die Gesamtzahl der Betriebe dargestellt und die Zahl der kontrollierten Betriebe wiedergegeben wird. Dies spiegelt auch der Vergleich der Mittelwerte

---

[2] Mit der hier vorgenommenen Trendanalyse wird die Analyse 1998 bis 2005 fortgeschrieben und die Daten aus dem Jahr 2006 berücksichtigt. Die Analyse stützt sich auf die Mitteilungen der Länder zur amtlichen Lebensmittelüberwachung gemäß Artikel 14 Abs. 2 der RL 89/397/EWG. Die Analyse soll zeitliche Trends in der Intensität und den Ergebnissen der Überwachung aufzeigen.

über alle Jahre für jedes Bundesland wieder, wobei sich bei vielen Bundesländern ein relativ konstanter Verlauf der Kontrollintensität darstellt. Zusammenfassend lässt sich feststellen, dass die aggregierten Daten für ganz Deutschland ein über die Jahre relativ gleich bleibendes Bild abgeben (Abb. 2-1-1).

2.2
Bericht über die Ergebnisse der Lebensmittel-Kontrollen gemäß der Bestrahlungsverordnung

2.2.1 Rechtliche Grundlagen

Grundsätzlich können Lebensmittel mit ionisierenden Strahlen behandelt werden, um (a) ihre Haltbarkeit zu erhöhen, (b) um die Anzahl unerwünschter Mikroorganismen zu verringern oder diese abzutöten, (c) zur Entwesung von Insekten oder (d) um eine vorzeitige Reifung, Sprossung oder Keimung von pflanzlichen Lebensmitteln zu verhindern. Gemäß Richtlinie 1999/2/EG[3] kann die Behandlung eines Lebensmittels mit ionisierender Strahlung zugelassen werden, wenn sie (i) technologisch sinnvoll und notwendig ist, (ii) gesundheitlich unbedenklich ist, (iii) für den Verbraucher nützlich ist und (iv) nicht als Ersatz für Hygiene- und Gesundheitsmaßnahmen, gute Herstellungs- oder landwirtschaftliche Praktiken eingesetzt wird. Die Bestrahlung der Lebensmittel erfolgt in speziellen, dafür zugelassenen Anlagen und alle Lebensmittel, die als solche bestrahlt worden sind oder bestrahlte Bestandteile enthalten, müssen gekennzeichnet sein.

In allen EU-Mitgliedstaaten sind „getrocknete aromatische Kräuter und Gewürze" zur Bestrahlung zugelassen[4]. Bis zur Einigung auf eine endgültige Positivliste dürfen in einigen EU-Mitgliedstaaten in Übereinstimmung mit der Richtlinie 1999/2/EG darüber hinaus noch andere bestrahlte Lebensmittel in Verkehr gebracht werden, so zum Beispiel in Großbritannien (Fische, Geflügel, Getreide und Obst), den Niederlanden (Hülsenfrüchte, Hühnerfleisch, Garnelen und tief gefrorene Froschschenkel), Frankreich (Reismehl, tief gefrorene Gewürzkräuter, Getreideflocken und Eiklar), Belgien (Erdbeeren, Gemüse und Knoblauch) und Italien (Kartoffeln und Zwiebeln). In Deutschland dürfen neben getrockneten Kräutern und Gewürzen aufgrund einer Allgemeinverfügung[5] auch bestrahlte Froschschenkel angeboten werden.

2.2.2 Ergebnisse

Gemäß der Richtlinie 1999/2/EG sollen alle EU-Mitgliedstaaten der Kommission jährlich über die Ergebnisse ihrer Kontrollen berichten, die in den Bestrahlungsanlagen durchgeführt wurden (insbesondere über Gruppen und Mengen der behandelten Erzeugnisse sowie den verabreichten Dosen) und die auf der Stufe des Inverkehrbringens durchgeführt wurden, sowie über die zum Nachweis der Bestrahlung angewandten Methoden.

Insgesamt wurden im Jahr 2006 in Deutschland 4137 Proben untersucht, 192 Proben (ca. 5%) mehr als im Vorjahr. 67 Proben waren zu beanstanden (1,6%): 22 Proben waren zwar zulässig bestrahlt, aber nicht ordnungsgemäß gekennzeichnet, 2 Proben waren als bestrahlt gekennzeichnet, aber die Bestrahlung war in diesen Fällen nicht zulässig. Nicht zulässig bestrahlt und auch nicht als solche gekennzeichnet waren 41 Proben (59% der positiven Befunde). Bei 2 bestrahlten, aber nicht gekennzeichneten Proben konnte abschließend nicht geklärt werden, ob die Bestrahlung zulässig gewesen war (Tab. 2-2-1).

Zulässig bestrahlt, aber nicht ordnungsgemäß gekennzeichnet waren größtenteils Gewürze (60%) sowie Suppen und Saucen (18%). Nicht zulässig bestrahlt und auch nicht als bestrahlt gekennzeichnete Proben fanden sich vor allem unter Suppen und Saucen (34%) und Nahrungsergänzungsmitteln (27%) sowie unter Pilzen, Gewürzen, asiatischen Nudelsnacks, Tee und getrocknetem Gemüse.

Hinsichtlich der Überprüfung von Bestrahlungsanlagen nach Richtlinie 1999/2/EG liegen wie im Vorjahr drei Kontrollberichte vor. In einer Anlage sind auch im Jahr 2006 keine Lebensmittel bestrahlt worden, die für den Verbleib in der EU oder in einem Drittland bestimmt waren. Insgesamt wurden 338,91 Tonnen Lebensmittel bestrahlt, davon waren 166,7 Tonnen für die EU bestimmt. Die durchschnittliche absorbierte Dosis wurde mit <10 kGy angegeben. Es wurden „Kräuter und Gewürze", „getrocknetes Gemüse", „Dill", „Lauch", „Champignonpulver", „Zwiebelpulver", „Spinatpulver" sowie „Zwiebeln/Nahrungsergänzungsmittel" mit ionisierenden Strahlen behandelt.

2.3
Bericht über die Kontrolle von Lebensmitteln aus Drittländern nach dem Unfall im Kernkraftwerk Tschernobyl[6]

Nach dem Unfall im Kernkraftwerk von Tschernobyl am 26. April 1986 haben sich beträchtliche Mengen radioaktiver Elemente in der Atmosphäre verbreitet.

Um die Gesundheit der Verbraucher zu schützen und gleichzeitig den Handel zwischen der EU und Drittländern nicht ungebührend zu beeinträchtigen, hat der Rat der EU dafür Vorsorge getroffen, dass für die menschliche Ernährung bestimmte landwirtschaftliche Erzeugnisse und Verarbeitungserzeugnisse, bei denen die Möglichkeit einer radioaktiven Kontamination besteht, in den Bereich der EU-Mitgliedstaaten nur nach entsprechender Überprüfung verbracht werden dürfen; in der Verordnung (EWG) Nr. 737/90 sind als Höchstwerte

---

[3] Richtlinie 1999/2/EG des Europäischen Parlaments und des Rates vom 22.2.1999 zur Angleichung der Rechtsvorschriften der Mitgliedsstaaten über mit ionisierenden Strahlen behandelten Lebensmitteln.

[4] Richtlinie 1999/3/EG des Europäischen Parlaments und des Rates vom 22.2.1999 über die Festlegung einer Gemeinschaftsliste von mit ionisierenden Strahlen behandelten Lebensmitteln und Lebensmittelbestandteilen.

[5] Bekanntmachung einer Allgemeinverfügung gemäß § 54 des Lebensmittel- und Futtermittelgesetzbuches (LFGB) über das Verbringen und Inverkehrbringen von tiefgefrorenen, mit ionisierenden Strahlen behandelten Froschschenkeln (BAnz Nr. 1156, S. 4665).

[6] Verordnung (EWG) 737/90 vom 22. März 1990 über die Einfuhrbedingungen für landwirtschaftliche Erzeugnisse mit Ursprung in Drittländern nach dem Unfall im Kernkraftwerk Tschernobyl (ABl.EG 1990, Nr. L 82), zuletzt geändert durch Verordnung (EG) 806/2003 des Rates vom 14. April 2003 (ABl.EU 2003, Nr. L 128) (Hinweis: Die Gültigkeit von 737/90 ist in 2000 um weitere 10 Jahre verlängert worden.)

Tab. 2-2-1 Ergebnisse der Kontrollen von Proben aus verschiedenen Lebensmittelgruppen auf der Stufe des Inverkehrbringens auf Behandlung mit ionisierenden Strahlen (* = eine Probe war bestrahlt und nicht gekennzeichnet. Ob die Bestrahlung zulässig war, konnte nicht geklärt werden).

Untersuchte Lebensmittelgruppe	Gesamtanzahl der untersuchten Proben	Nicht bestrahlt	Bestrahlt (Bestrahlung zulässig), ordnungsgemäß gekennzeichnet	Bestrahlt (Bestrahlung zulässig), nicht ordnungsgemäß gekennzeichnet	Bestrahlt (Bestrahlung nicht zulässig), gekennzeichnet	Bestrahlt (Bestrahlung nicht zulässig), nicht gekennzeichnet
Milch/Milcherzeugnisse	41	41				
Kräuterkäse	58	58				
Kräuterbutter	29	29				
Eier und Eiprodukte	6	6				
Fleisch (einschließlich gefrorenem Fleisch, außer Geflügel, Wild)	18	18				
Fleischerzeugnisse (außer Wurstwaren)	39	39				
Wurstwaren	58	58				
Geflügel	141	141				
Wild	12	12				
Fisch, Fischerzeugnisse	140	140				
Krustentiere, Schalentiere, Muscheln und andere Wassertiere sowie deren Erzeugnisse	264	258	2	2		2
Hülsenfrüchte	47	47				
Suppen, Saucen*	197	175	3	4		14
Getreide und Getreideerzeugnisse	34	34				
Ölsaaten	52	52				
Schalenfrüchte	102	102				
Kartoffeln, Teile von Pflanzen mit hohem Stärkegehalt	56	56				
Frisches Gemüse, Salat	72	72				
Getrocknetes Gemüse, Gemüseerzeugnisse	80	78				2
Pilze, frisch	18	18				
Pilze, getrocknet oder Pilzerzeugnisse*	204	199			2	3
Frisches Obst	109	109				
Trockenobst oder Obsterzeugnisse	200	200				
Kakaopulver	11	11				
Kaffee, roh	5	5				
Tee, teeähnliche Erzeugnisse	434	431		1		2
Tischfertige Gerichte	21	21				
Gewürze, einschließlich Zubereitungen und Gewürzsalz	1355	1339		13		3
Kräuter	84	84				
Trockenfertigmahlzeiten	44	43		1		
Asiatische Nudelsnacks, Party-Snacks, Pizza, Fernseh-Snacks	86	82		1		3
Nahrungsergänzungsmittel	98	87				11
Sonstiges	22	21				1
Summe	4137	4066	5	22	2	41

Tab. 2-3-1 Anzahl der im Jahr 2006 von Bundesländern untersuchten Proben auf Höchstwertüberschreitung in Bezug auf Cäsium 134 und 137 (** = Pfifferlinge aus der Ukraine: 1001 bq/kg).

Anzahl der gemeldeten Proben	Anzahl der Proben, bei denen der Höchstwert in Bezug auf die maximale kumulierte Radioaktivität von Cäsium 134 und 137 überschritten wurde	Herkunft der beprobten Lebensmittel		
		Drittland (gemäß Anhang IV)	davon neue EU-Mitgliedstaaten seit 2004	unbekannt
18		18		
57	1**	57		
80		14	1	
82		34	15	3
8		8		
10		4		
57		57		
75		42		33
3		3		
87		20		
23		23		
Summe: 500	**1**	**280**	**16**	**36**

für die maximale kumulierte Radioaktivität von Cäsium 134 und 137 festgelegt

– 370 Bq/kg für Milch und Milcherzeugnisse sowie für Lebensmittel für die Ernährung speziell von Kleinkindern während der vier bis sechs ersten Lebensmonate, die für sich genommen dem Nahrungsbedarf dieses Personenkreises genügen und in Packungen für den Einzelhandel dargeboten werden, die eindeutig als Zubereitungen für Kleinkinder gekennzeichnet und etikettiert sind.

– 600 Bq/kg für alle anderen betroffenen Erzeugnisse.

Im Berichtsjahr 2006 wurden von den Ländern insgesamt 500 Lebensmittel-Proben auf radioaktive Belastung untersucht (Tab. 2-3-1). Davon stammten 280 Lebensmittel-Proben aus im Sinne der Verordnung (EWG) 737/90 relevanten Drittländern und 16 aus den neuen EU-Mitgliedstaaten; für 36 Lebensmittel-Proben war die Herkunft unbekannt. In einem Fall wurde die maximale kumulierte Radioaktivität von Cäsium 134 und 137 überschritten; es handelte sich um Pfifferlinge aus der Ukraine (Messwert: 1001 Bq/kg; die Lebensmittel wurden beanstandet.)

2.4
Bericht über die Kontrolle von Lebensmitteln auf verbotenen Farbstoff (Sudanrot und andere)

2.4.1   Anlass der Kontrolle und Rechtsgrundlage

Nach dem ersten Bericht im Jahre 2003 über das illegale Vorkommen des Farbstoffes Sudan I in einigen Lebensmitteln in der Europäischen Union wurden von EU-Mitgliedstaaten viele Meldungen zum Vorkommen dieses und anderer illegaler Farbstoffe in Chilipulver, Currypulver, verarbeiteten Produkten,

die Chili- oder Currypulver enthielten, Sumach, Kurkuma und Palmöl erstattet.

In ihrer Stellungnahme[7] stellte die EFSA fest, dass nicht genügend Daten für eine vollständige Risikobewertung dieser in Lebensmitteln gefundenen, illegalen Farbstoffe (Sudan I-IV, Pararot, Rhodamin B und Orange II) vorliegen. In Experimenten war nachgewiesen worden, dass Sudan I sowohl genotoxisch als auch karzinogen ist und dass Rhodamin B potentiell genotoxisch und karzinogen wirkt. Die EFSA empfahl, aufgrund der Strukturähnlichkeiten mit Sudan I vorsichtshalber davon auszugehen, dass auch Sudan II, Sudan III, Sudan IV und Pararot potentiell genotoxisch und möglicherweise karzinogen sind.

Unter Berücksichtigung von Daten aus der Literatur wie auch von Struktur-Aktivitäts-Beziehungen ging die EFSA davon aus, dass Farbstoffe mit Azo-, Triphenylmethan- und Anthrachinonstrukturen zunächst als verdächtig zu betrachten sind. Unter den Azofarbstoffen ist das Potential zur Umwandlung in fettlösliche aromatische Amine in bestimmten Benzidinderivaten ein Warnhinweis auf Genotoxizität/Karzinogenität, während die Sulfonierung aller Ringbestandteile, wie dies bei den meisten in der EU als Lebensmittelfarben zugelassenen Azofarbstoffen der Fall ist, eine genotoxische und karzinogene Aktivität ausschließt.

„Die Berücksichtigung von Berichten über Farbstoffe, die in Ländern, aus denen die Gewürze stammen, illegal verwendet wurden, und über Farbstoffe, die in der Vergangenheit in anderen Ländern als Lebensmittelfarben verwendet, aufgrund der Entdeckung der Toxizität jedoch aus der Verwendung in Lebensmitteln zurückgezogen wurden, sowie Laborstudien und

[7] EFSA (2004) Opinion of the Scientific Panel on Food Additives, Flavourings, Processing Aids and Materials in Contact with Food on a request from the Commission to Review the toxicology of a number of dyes illegally present in food in the EU. The EFSA Journal (2005) 263:1-7.

Tab. 2-4-1 Untersuchung von Chilis und Currypulver auf Sudanrot I-IV im Jahr 2006.

Produkt	Probenahme	Anzahl der untersuchten Proben	Anzahl der Proben mit negativem Ergebnis	Anzahl der Proben mit positivem Ergebnis
Chilis getrocknet und zerstoßen oder gemahlen	Einfuhrkontrolle	17	17	0
	Marktkontrolle	364	359	5
Currypulver	Einfuhrkontrolle	2	2	0
	Marktkontrolle	73	73	0
Summe		**456**	**451**	**5**

Tab. 2-4-2 Untersuchung von Palmöl, Kurkuma, Gewürzen, Würzmittel, Würzsoßen, Würzpasten, Fleisch, Fleischerzeugnissen sowie Nudeln, Chips und Fertiggerichten auf Sudanrot I-IV im Jahr 2006.

Produkt	Probenahme	Anzahl der untersuchten Proben	Anzahl der Proben mit negativem Ergebnis	Anzahl der Proben mit positivem Ergebnis
Palmöl	Einfuhrkontrolle	1	1	0
	Marktkontrolle	47	47	0
Kurkuma	Einfuhrkontrolle	3	3	0
	Marktkontrolle	8	8	0
Gewürze, Würzmittel	Einfuhrkontrolle	22	22	0
	Marktkontrolle	477	464	13
Würzsoßen, Würzpasten	Einfuhrkontrolle	3	3	0
	Marktkontrolle	205	205	0
Fleisch, Fleischerzeugnisse	Einfuhrkontrolle	0	0	0
	Marktkontrolle	3	3	0
Sonstiges, z. B. Nudeln, Chips, Fertiggerichte	Einfuhrkontrolle	2	2	0
	Marktkontrolle	68	68	0
Summe		**839**	**826**	**13**

Erwägungen zur Strukturaktivität legen nahe, die folgenden Farbstoffe als genotoxisch und/oder karzinogen zu betrachten: Säurerot 73 (CAS-No. 5413-75-2), Sudanrot 7B (CAS-No 6368-72-5), Metanilgelb (CAS-No 587-98-4), Auramin (CAS-No 492-80-8), Kongorot (CAS-No 573-58-0), Buttergelb (CAS-No 60-11-7), Solvent Rot I (CAS-No 1229-55-6), Naphtholgelb (CAS-No 483-84-1), Malachitgrün (CAS-No 569-64-2), Leukomalachitgrün (CAS-No 129-73-7), Ponceau 3R (CAS-No 3564-09-8), Ponceau MX (CAS-No 3761-53-3), Ölorange SS (CAS-No 2646-17-5)" (EFSA, 2004)[8].

2.4.2   Ergebnisse

Aufgrund einer Entscheidung der Kommission[8] sind in den EU-Mitgliedstaaten bestimmte Lebensmittel auf Vorkommen des Farbstoffes Sudan I-IV zu kontrollieren und die Ergebnisse pro Quartal an die Kommission zu melden. Im Jahr 2006 wurden in Deutschland insgesamt 456 Proben von Chilis bzw. Currypulver auf Sudanrot I-IV kontrolliert; davon stellten sich 5 Proben (1,1%) als positiv heraus (Tab. 2-4-1), was eine markante Abnahme im Vergleich zum Vorjahr darstellt (5%)[9]. Von weiteren sechs Lebensmittelgruppen wurden insgesamt 839 Proben auf Sudan I-IV kontrolliert; davon stellten sich 13 Proben (1,5%) als positiv heraus (Tab. 2-4-2) und damit ebenfalls niedriger als im Vorjahr (4,4%). Im Berichtsjahr 2006 beschränkte sich das Auftreten von positiven Proben allein auf die Warengruppe „Gewürze und Würzmittel" (ausschließlich in der Kategorie „Marktkontrolle"). Erfreulicherweise scheint damit der Anteil an importierten Lebensmitteln mit Zusatz von Sudan I-IV im Jahr 2006 abgenommen zu haben.

---

[8] Entscheidung der Kommission über Dringlichkeitsmaßnahmen hinsichtlich Chilis und Chilierzeugnissen (2004/92/EG).

[9] BzL (2007) Berichte zur Lebensmittelsicherheit 2005, Heft 3, Nationale Berichterstattung an die EU, pp. 8, Birkhäuser-Verlag, Basel, ISBN 978-3-7643-8404-3.

2.5
Bericht über Aflatoxine in bestimmten Lebensmitteln aus Drittländern

2.5.1 Anlass der Kontrolle und Rechtsgrundlage

Wärme und Feuchtigkeit fördern die Bildung von Aflatoxinen durch Schimmelpilze[10]. Diese Stoffwechselprodukte bestehen aus den chemisch verwandten Einzelverbindungen Aflatoxin B_1, B_2, G_1, G_2 sowie M_1. Sie gelten als akut toxisch und haben bei verschiedenen Tierarten unter anderem hepato-karzinogene Wirkungen auf der Grundlage eines genotoxischen Mechanismus. Beim Menschen wird beim Auftreten von Leberkarzinomen ein möglicher Zusammenhang mit dem Hepatitis-Virus B diskutiert. Um eine Gefährdung der Gesundheit des Menschen durch Aflatoxine kontaminierte Lebensmittel zu vermeiden,

wurden Höchstgehalte (für Aflatoxin B_1 2 µg/kg und für die Summe der Aflatoxine 4 µg/kg sowie für M_1 in Milch 0,05 µg/kg) festgesetzt.

In den Erwägungsgründen der „Entscheidung der Kommission vom 12. Juli 2006 über Sondervorschriften für aus bestimmten Drittländern eingeführte bestimmte Lebensmittel wegen des Risikos einer Aflatoxin-Kontamination dieser Erzeugnisse" (2006/504/EG) wird u.a. ausgeführt, dass die Grenzwerte für Aflatoxine in bestimmten Lebensmitteln aus bestimmten Drittländern regelmäßig überschritten werden. Dies betrifft Ägypten (Erdnüsse und Erzeugnisse daraus), China (Erdnüsse und Erzeugnisse daraus), Türkei (Feigen, Haselnüsse, Pistazien und Erzeugnisse daraus), Brasilien (Paranüsse und Erzeugnisse daraus) sowie Iran (Pistazien und Erzeugnisse daraus). Insbesondere vor/bei der Einfuhr dieser Lebensmittel müssen diese auf Vorhandensein von und Gehalt an Aflatoxine analysiert werden.

Tab. 2-5-1 Ergebnisse der Kontrollen auf Aflatoxine in relevanten Lebensmitteln eingeführt in die Bundesrepublik Deutschland aus der Türkei, China, Iran bzw. Ägypten im Jahr 2006.

	Quartal des Jahres 2006	Proben-anzahl	positive Proben	Aflatoxine (µg/kg)				
				B_1	B/G-Summe	B_2	G_1	G_2
Türkei (Feigen, Haselnüsse, Pistazien)	1.	56	7	≤ 9,1	≤ 36,0			
	2.	67	10	≤ 100	≤ 109			
	3.	28	5	≤ 9,1	≤ 46,5			
	4.	140	46	≤ 151,6	≤ 205,1			
	Summe	291	68 (23 %)					
China (Erdnüsse)	1.	22	7	≤ 44,1	≤ 52,4			
	2.	39	17	≤ 120,8	≤ 239,1			
	3.	29	10	≤ 158.6	≤ 167,7			
	4.	15	1	≤ 4,5	≤ 5,1			
	Summe	105	35 (33 %)					
Iran (Pistazien)	1.	219	60	≤ 294,0	≤ 310,6			
	2.	202	21	≤ 216,3	≤ 233,8			
	3.	190	15	≤ 129,6	≤ 145,8			
	4.	177	10	≤ 108,9	≤ 116,6			
	Summe	788	106 (13 %)					
Ägypten (Erdnüsse)	1.	0	0					
	2.	9	1	≤ 12,3	≤ 12,8			
	3.	0	0					
	4.	12	2	≤ 78,5	≤ 81,2			
	Summe	21	3 (14 %)					

[10] Zur Problematik des Analyseverfahrens siehe: S. Biselli (2006) Analytische Methoden für die Kontrolle von Lebens- und Futtermitteln auf Mycotoxine. J Verbr Lebensm 1:106–114.

2.5.2 Ergebnisse

Aus dem Berichtsjahr 2006 liegen für kontrollierte, relevante Warenproben aus Brasilien keine Rückmeldungen vor. Ganz anders sieht die Situation für die relevanten, importierten Lebensmittel aus der Türkei, China, Iran und Ägypten aus (Tab. 2-5-1); hier waren 23 % (Türkei), 33 % (China), 13 % (Iran) bzw. 14 % (Ägypten) dieser importierten Lebensmittel bei der Kontrolle auf Aflatoxine positiv, wobei die zulässigen Höchstgehalte in den meisten Fällen [insbesondere bei Lebensmitteln aus der Türkei (3), China (2) und Iran (1)] erheblich überschritten wurden. Im Vergleich zum Vorjahr ist der prozentuale Anteil positiver Proben aus dem Berichtsjahr 2006 bei den untersuchten Lebensmitteln aus dem Iran gesunken, aus China deutlich gestiegen und aus der Türkei fast gleich geblieben.

Die Ergebnisse rechtfertigen den zukünftigen Kontrollaufwand in Bezug auf das Vorhandensein von Aflatoxinen in den betreffenden Lebensmitteln aus den genannten Staaten. Es sollte geprüft werden, ob zusätzliche Maßnahmen zur Verringerung der Aflatoxingehalte ergriffen werden können.

2.6
Bericht über den Ochratoxin A-Gehalt in ausgewählten Lebensmitteln

2.6.1 Anlass der Kontrolle und Rechtsgrundlage

Ochratoxin (OTA) ist ein Mycotoxin, das von Schimmelpilzen der Gattung *Aspergillus* und *Penicillium* auf Getreide, Kaffee, Gewürze und anderen Lebensmitteln gebildet werden kann. Durch ungünstige Temperatur- und Feuchtigkeitsbedingungen wird der Schimmelpilzbefall und damit die potenzielle Bildung von OTA während der Ernte, der Weiterverarbeitung, der Trocknung, der Lagerung und des Transportes begünstigt. OTA ist ein Mycotoxin mit karzinogenem, nephrotoxischen, teratogenen, immunotoxischen und möglicherweise neurotoxischen Eigenschaften.

Berechnungen, die im Auftrag des Wissenschaftlichen Lebensmittelausschusses der Europäischen Union durchgeführt wurden, belegen tägliche OTA-Gesamtaufnahmen von 0,9 Nanogramm pro Kilogramm Körpergewicht und Tag (ng/kg KG/d) in Deutschland und 4,6 ng/kg/d für Italien. Die durchschnittliche OTA-Belastung im Blutplasma liegt in Europa zwischen 0,18 (Schweden) und 1,8 (Dänemark) Mikrogramm pro Liter (µg/L)[11].

OTA wurde bislang in Getreide und daraus hergestellten Produkten, in Kaffee, Bier, Weinen, Trockenobst, auf Gewürzen und Gemüse nachgewiesen. In Fleischerzeugnissen findet es sich dann, wenn Tiere verschimmeltes Futter erhielten. Ist Rohkaffee durch OTA belastet, wird es weder beim Röstprozess noch bei der haushaltsmäßigen Zubereitung zerstört.

Die durchschnittliche Belastung von Kaffee mit OTA liegt bei 0,8 Milligramm/Kilogramm Lebensmittel (µg/kg LM), die von Getreide zum Vergleich bei 0,2 bis 0,4 µg/kg und die von

Bier bei 0,07 µg/kg LM. Werden diesen Werten die üblichen Verzehrsmengen zugrunde gelegt, so ergibt sich für den Verbraucher eine OTA-Aufnahme von 0,2 Nanogramm pro Kilogramm Körpergewicht und Tag (ng/kg KG/d) durch Kaffee, 0,5 ng/kg KG/d durch Getreide(produkte) und 0,2 ng/kg KG/d durch Bier.

2.6.2 Ergebnisse

Gemäß Verordnung (EG) Nr. 123/2005 der Kommission[12] werden vor allem die Höchstgehalte an OTA in getrockneten Weintrauben und Traubensaft überprüft und es wird der Frage nachgegangen, ob für OTA in grünem Kaffee, anderem Trockenobst als getrockneten Weintrauben, in Bier, Kakao und Kakaoerzeugnissen, Likörweinen, Fleisch und Fleischerzeugnissen, Gewürzen und Lakritz ein Höchstwert für OTA festgelegt werden soll. Zu diesem Zweck übermitteln die Mitgliedstaaten der Kommission alljährlich die Ergebnisse der durchgeführten Untersuchungen.

In Tabelle 2-6-1 sind die Untersuchungsergebnisse aus Deutschland für das Berichtsjahr 2006 aufgeführt. Grundsätzlich bestätigen sie, dass eine hohe OTA-Belastung innerhalb der ausgewählten Lebensmittelgruppen bei „getrockneten Feigen" (10%), „löslichem Kaffee" (7%) und „getrockneten Weintrauben" (4%) vorliegt. Die wie im Vorjahr (wenn auch prozentual wenigen) Höchstgehaltnüberschreitungen bei den Lebensmittelgruppen „alle aus Getreide gewonnenen Erzeugnisse" (1%) und „rohe Getreidekörner" (0,8%) sollten Beachtung finden.

2.7
Bericht über den Gehalt an Nitrat in Spinat, Salat, Rucola und anderen Salaten

2.7.1 Anlass der Kontrolle und Rechtsgrundlage

Nitrat ist ein natürlich im Boden vorkommender Stoff. Die Pflanze benötigt ihn zu ihrem Wachstum, er wird daher im Wesentlichen dem Boden durch Düngung zugeführt. In höheren Mengen, z. B. bei Überdüngung, kann der Nitratanteil in der Pflanze sehr hoch sein. Der Nitratgehalt wird aber auch beeinflusst von der Pflanzenart, dem Erntezeitpunkt, der Witterung und den klimatischen Bedingungen. Der Faktor Licht spielt dabei eine entscheidende Rolle. So sind in der Regel in den lichtärmeren Monaten die Nitratgehalte höher.

Im menschlichen Magen-Darm-Trakt kann Nitrat zum Nitrit reduziert werden, aus dem durch Reaktion mit Eiweißstoffen Nitrosamine gebildet werden können. Nitrosamine besitzen nachweislich ein cancerogenes Potenzial.

In den Erwägungsgründen zur Verordnung (EG) Nr. 466/2001[13] wird u. a. zu dieser Problematik ausgeführt, dass

---

[11] BgVV empfiehlt Höchstmengen für Ochratoxin in Lebensmitteln. Stellungnahme 15/1997 vom 17.06.1997.

[12] Verordnung (EG) Nr. 123/2005 der Kommission vom 26. Januar 2005 zur Änderung der Verordnung (EG) Nr. 466/2001 in Bezug auf Ochratoxin A.

[13] Verordnung (EG) Nr. 466/2001 der Kommission vom 8. Mai 2001 zur Festsetzung der Höchstgehalte für bestimmte Kontaminanten in Lebensmitteln.

Tab. 2-6-1 Ergebnisse der Untersuchung ausgewählter Lebensmittelgruppen auf den Gehalt an Ochratoxin A im Jahr 2006.

	Anzahl an Proben			Ergebnisse (µg/kg oder µg/L)*				Höchstgehalt (µg/kg) (EG)123/2005	Anzahl an Proben > Höchstgehalt
	Gesamt	< Nachweisgrenze (Anzahl)	< Nachweisgrenze (%)	Mittelwert	Median	95. Perzentil	Max. Wert		
Getreide (einschließlich Reis und Buchweizen) und entsprechende Nebenerzeugnisse	88	81	92	0,0	0,0	0,2	0,5	–	–
Rohe Getreidekörner (einschließlich Reis und Buchweizen)	257	235	91	0,2	0,0	0,3	27,4	5	2 (0,8%)
Alle aus Getreide (einschließlich verarbeiteten Getreideerzeugnissen und zum unmittelbaren verzehr bestimmten Getreidekörnern) gewonnenen Erzeugnisse	733	569	78	0,2	0,0	0,6	8,3	3	6 (1%)
Getrocknete Weintrauben (Korinthen, Rosinen und Sultaninen)	95	8	8	2,6	1,6	8,4	17,6	10	4 (4%)
Geröstete Kaffeebohnen sowie gemahlener gerösteter Kaffee außer löslicher Kaffee	111	76	68	0,4	0,1	1,0	9,6	5	1 (1%)
Löslicher Kaffee (Instantkaffee)	43	29	67	4	0,1	42	64	5	3 (7%)
Wein (rot, weiß, rosé) sowie andere Getränke auf Wein- und/oder Traubenmostbasis	490	339	69	0,2	0,0	0,9	3,6	2	1 (0,2%)
Traubensaft, Traubensaftzutaten in anderen Getränken, einschließlich Traubennektar und konzentrierter rekonstituierter Traubensaft	65	30	46	0,2	0,1	0,4	1,6	2	–
Zum unmittelbaren menschlichen Verzehr bestimmter Traubenmost und konzentrierter rekonstituierter Traubenmost	3	0	0	0,5	0,3		1,2	2	–
Getreidebeikost und andere Beikost für Säuglinge und Kleinkinder	44	42	95	0,0	0,0	0,1	0,1	0,5	–
Diätetische Lebensmittel für besondere medizinische Zwecke, die eigens für Säuglinge bestimmt sind	–	–	–	–	–	–	–	0,5	–
Grüner Kaffee	1	1	100					–	–
andere Trockenobstsorten als getrocknete Weintrauben	418	302	72	1,6	0,0	4,6	296,0	–	
getrocknete Feigen	138	46	33	4,7	0,2	12,4	296,0	8,0 **)	14 (10,1%)
alle anderen	280	256	91	0,1	0,0	0,2	1,95	2,0 **)	–
Bier und Bierrohstoffe	174	87	50	0	0,0	0,2	1,9	–	–
Kakao u. Kakaoerzeugnisse	137	100	73	0,2	0,1	0,7	1,95	–	–
Likörweine	8	1	13	0,1	0,1		0,4	–	–
Fleischerzeugnisse	53	46	87	0	0,0	1,5	3,8	–	–
Gewürze und Würzmittel	402	192	48	3,9	0,2	23,0	75,5	–	–
Paprika	139	103	74	8,0	1,6	37,4	75,5	–	–
Chili	40	8	20	3,8	0,6	15,7	42,0	–	–

Tab. 2-6-1 Ergebnisse der Untersuchung ausgewählter Lebensmittelgruppen auf den Gehalt an Ochratoxin A im Jahr 2006.

	Anzahl an Proben			Ergebnisse (µg/kg oder µg/L)*				Höchstgehalt (µg/kg) (EG)123/2005	Anzahl an Proben > Höchstgehalt
	Gesamt	< Nach- weis- grenze (Anzahl)	< Nach- weis- grenze (%)	Mittel- wert	Median	95. Per- zentil	Max. Wert		
Pfeffer	33	15	45	1,1	0,2	6,2	13,6	–	–
Curry	24	11	46	0,3	0,1	0,6	2,5	–	–
sonstige Gewürze	166	120	72	1,6	0,1	6,0	53,7	–	–
Lakritz	4	2	50	0,5	0,4		1,0	–	–
Süßholzwurzel	–							–	–
Gesamt	**3126**	**2140**	**68**						

* Unterhalb der Nachweisgrenze wird der Gehalt mit 0 angegeben; ** Mykotoxin-Höchstmengenverordnung (MHmV).

die „Hauptquelle für die Aufnahme von Nitraten durch den Menschen das Gemüse ist". In seiner Stellungnahme vom 22. September 1995 stellt der SCF fest, dass die Gesamtaufnahme an Nitraten normalerweise deutlich unter der duldbaren täglichen Aufnahme liegt; gleichwohl empfiehlt er, die Bemühungen zur Reduzierung der Nitratexposition durch Lebensmittel und Wasser fortzusetzen, da sich Nitrate in Nitrite und Nitrosamine umwandeln können. Er drängt ferner darauf, dass eine gute landwirtschaftliche Praxis festgelegt wird, um zu gewährleisten, dass die Nitratgehalte so niedrig sind, wie dies vernünftigerweise zu erreichen ist. SCF betonte, die Besorgnis über das Vorhandensein von Nitraten dürfe nicht von einem vermehrten Verzehr von Gemüse abhalten, denn Gemüse erfülle eine wesentliche Ernährungsfunktion und spiele eine große Rolle für den Gesundheitsschutz. ... „Die Überwachung der Nitratgehalte in Kopfsalat und Spinat und die Anwendung der guten landwirtschaftlichen Praxis müssen unter Wahrung eines angemessenen Verhältnisses zum angestrebten Ziel, nach Maßgabe der Überwachungsergebnisse und insbesondere unter Berücksichtigung der Risiken und der gesammelten Erfahrungen erfolgen. ... Es empfiehlt sich daher, dass die Mitgliedstaaten jährlich die Ergebnisse ihrer Überwachung mitteilen und über die getroffenen Maßnahmen und erzielten Fortschritte bei der Anwendung der guten landwirtschaftlichen Praxis zur Reduzierung der Nitratgehalte berichten und dass jährlich ein Meinungsaustausch über die Berichte stattfindet."

Als Höchstgehalt an Nitrat sind im Anhang der Verordnung (EG) Nr. 466/2001 festgelegt für frischen Spinat (*Spinacia oleracea*) 3000 mg/kg [Ernte vom 1. November bis 31. März), für haltbar gemachten, tiefgefrorenen oder gefrorenen Spinat 2000 mg/kg und für frischen Kopfsalat (unter Glas angebauter Salat und Freilandsalat) 4500 mg/kg [Ernte vom 1. Oktober bis 31. März], 3500 mg/kg [Ernte vom 1. April bis 30. September] bzw. 2500 mg/kg [im Zeitraum vom 1. Mai bis 31. August geernteter Freilandsalat].

2.7.2 Ergebnisse

Während des Berichtsjahres 2006 wurden verschiedene Gemüsepflanzen (Spinat, Salat, Eisbergsalat, Rucola, Mais, Kartoffeln, Rote Beete, Sellerie, Rettich, Blumenkohl, Gurke und Weißkohl) aus deutschem bzw. ausländischem Anbau auf ihren Nitrat-Gehalt untersucht. Repräsentativ für den jahreszeitlichen Verlauf des Nitratgehaltes in Abhängigkeit von der Gemüsepflanzenart sollen hier die Ergebnisse für Spinat (Abb. 2-7-1), für Salat (Abb. 2-7-2) und für Rucola (Abb. 2-7-3) vorgestellt werden. Die anderen Gemüsepflanzen weisen entweder nur geringe Nitratgehalte auf oder ähneln in Bezug auf die jahreszeitliche Zu- oder Abnahme ihres Nitratgehaltes einem der drei Beispiele[14].

Der Verlauf des Nitratgehaltes der Proben von Spinat während des Jahres 2006 (Abb. 2-7-1) zeigt eindeutig – analog zu den Ergebnissen im Jahr 2005[15] – eine Präferenz für den Bereich unterhalb von 2000 mg NO$_3$/kg. Allerdings deuten Anzeichen auch im Berichtsjahr 2006 darauf hin, als ob diesmal mit der ausgehenden Vegetationsperiode in den Monaten September, Oktober und November ein leichter Anstieg im Bereich von 2500 bis 3500 mg NO$_3$/kg verzeichnet werden könnte.

Weitaus eindeutiger gestaltet sich – auch dies wieder in Übereinstimmung mit den betreffenden Ergebnissen aus dem Jahr 2005 – der jahreszeitliche Verlauf des Nitratgehaltes der Salatproben im Jahr 2006 (Abb. 2-7-2). Deutlich liegt der Nitratgehalt der Mehrzahl der Proben während der Sommermonate unter 2500 mg NO$_3$/kg, jedoch zu Jahresbeginn hauptsächlich im Bereich von 3000 bis 4000 mg NO$_3$/kg.

Ganz anders stellt sich – analog den Ergebnissen des Jahres 2005 – der Nitratgehalt der Rucola-Proben im Verlauf des Jahres 2006 dar (Abb. 2-7-3). Besonders auffällig ist es wieder,

---

[14] Es sei ausdrücklich darauf hingewiesen, dass bei den folgenden Ausführungen – aufgrund der zum Teil geringen Probenanzahl – keine quantitativen, sondern nur tendenzielle Aussagen über die Zu- oder Abnahme des Nitratgehaltes im Jahresverlauf gemacht werden können.

[15] BzL (2007) Berichte zur Lebensmittelsicherheit 2005, Heft 3; Nationale Berichterstattung an die EU, pp. 20-21, Birkhäuser-Verlag, Basel, ISSN 1662-131X.

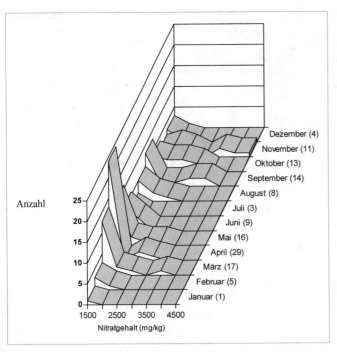

Abb. 2-7-1 Anzahl der Proben von Spinat mit einem Nitratgehalt in den Klassen von < 1500 mg/kg (= 1500), 1501–2000 mg/kg (= 2000), 2001–2500 (= 2500), 2501–3000 mg/kg (= 3000), 3001–3500 mg/kg (= 3500), 3501–4000 mg/kg (= 4000) und 4001–4500 mg/kg (= 45000); die Anzahl der zur Verfügung stehenden Proben ist dem jeweiligen Monat nachgestellt.

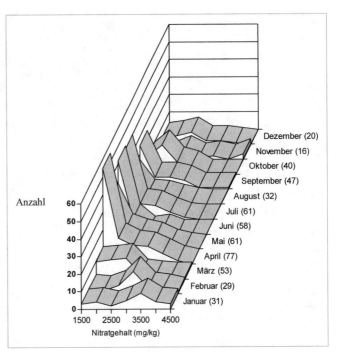

Abb. 2-7-2 Anzahl der Proben von Rucola mit einem Nitratgehalt in den Klassen von < 1500 mg/kg (= 1500), 1501–2000 mg/kg (= 2000), 2001–2500 (= 2500), 2501–3000 mg/kg (= 3000), 3001–3500 mg/kg (= 3500), 3501–4000 mg/kg (= 4000) und 4001–4500 mg/kg (= 45000); die Anzahl der zur Verfügung stehenden Proben ist dem jeweiligen Monat nachgestellt.

dass der Nitratgehalt von Rucola erheblich höher lag als der von Spinat- bzw. Salatproben. Wieder ist eine deutliche Nitratbelastung von Rucola im Bereich von 4000 bis 6000 mgNO₃/kg während der Wintermonate zu verzeichnen[16],[17]; während der Monate Mai, Juni und Juli im Berichtsjahr 2006 sank der Nitratgehalt der Rucola-Proben weniger stark als im Vorjahr und lag hauptsächlich im Bereich um 4000 mgNO₃/kg.

Es ist auch für das Jahr 2006 wieder die grundsätzliche Aussage zulässig, dass in der Mehrzahl der anderen beprobten Gemüsearten die Höhe des Nitratgehaltes meistens unter 1000 mgNO₃/kg lag. Damit ist der hohe Nitratgehalt von Rucola auch wieder ein bedenkenswert.

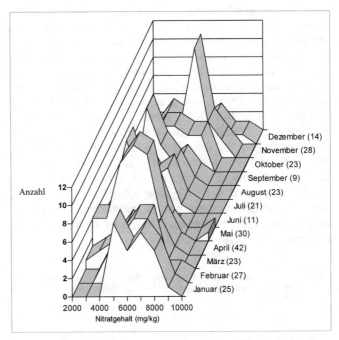

Abb. 2-7-3 Anzahl der Proben von Rucola mit einem Nitratgehalt in den Klassen von < 2000 mg/kg (= 2000), 2001–3000 mg/kg (= 3000), 3001–4000 mg/kg (= 4000), 4001–5000 mg/kg (= 5000), 5001–6000 mg/kg (= 6000), 6001–7000 mg/kg (= 7000), 7001–8000 mg/kg (= 8000), 8001–9000 mg/kg (= 9000) und 9001–10000 mg/kg (= 10000); die Anzahl der zur Verfügung stehenden Proben ist dem jeweiligen Monat nachgestellt.

[16] Siehe hierzu den Monitoring-Bericht im Heft 1 des BzL (2007) Berichte zur Lebensmittelsicherheit 2005, Birkhäuser-Verlag, Basel.

[17] Auf die zuvor genannten Höchstmengen an Nitrat laut Verordnung (EG) Nr. 466/2001 sei an dieser Stelle ausdrücklich hingewiesen.

Warengruppe	Untersuchung auf Schwermetallgehalt		Untersuchung auf Histamingehalt	
	Probenanzahl gesamt	positive Proben	Probenanzahl gesamt	positive Proben
Barramund	2			
Barsche	7	1		
Butterfisch	1			
Gambas	2			
Garnelen	76			
Kalmare	4			
Krusten-, Schalen- und Weichtiere	27			
Red Snapper	8			
Shrimps	27			
Thunfisch	310		298	
Wels	1			
Gesamt	**465**	**1**	**298**	**0**

Tab. 2-8-1 Ergebnisse der Analysen von aus Indonesien importierten Fischerzeugnissen auf Überschreitung der Höchstgehalte von Schwermetallen bzw. Histamin im Berichtsjahr 2006 (Die Einteilung in die gewählten „Warengruppen" erfolgte auf der Grundlage der gemeldeten Daten und widerspricht dadurch in Teilen der zoologischen Systematik).

2.8
Bericht über die Überprüfung bestimmter Fischereierzeugnisse aus Indonesien

2.8.1   Anlass der Kontrolle und Rechtsgrundlage

Den Erwägungsgründen der Entscheidung der Kommission vom 21. März 2006[18] zufolge „sind gemäß der Richtlinie 97/78/EG und der Verordnung (EG) Nr. 178/2002 die erforderlichen Maßnahmen zu treffen, wenn aus Drittländern eingeführte Erzeugnisse eine ernsthafte Gefährdung der Gesundheit von Mensch und Tier darstellen können oder zunehmende Möglichkeit einer solchen Gefährdung besteht." In diesem Zusammenhang „wurden bei den jüngsten Kontrollbesuchen der Gemeinschaft in Indonesien schwerwiegende Mängel hinsichtlich der Hygiene beim Hantieren" mit „Fischerzeugnissen festgestellt. Dies führt dazu, dass der Fisch nicht so frisch ist, wie er sein sollte und schnell verdirbt, was bei bestimmten Arten hohe Histamingehalte mit sich bringt. Die Kontrollbesuche haben auch gezeigt, dass die indonesischen Behörden kaum in der Lage sind, zuverlässige Kontrollen bei Fisch durchzuführen und insbesondere Histamin und Schwermetalle in den betreffenden Arten nachzuweisen."

2.8.2   Ergebnisse

Aufgrund der oben genannten Entscheidung der Kommission wurden ihr von Deutschland folgende Angaben über Fischimporte aus Indonesien für das Berichtsjahr 2006 gemeldet: (a) 2. Quartal 243 Fischimporte [der Schwermetallgehalt eines Zackenbarschfilets überschritt die zulässige Höchstgehalte], (b) 3. Quartal 112 Fischimporte [keine Beanstandungen in Bezug auf Histamin- und Schwermetallgehalt] und (c) 4. Quartal 162 Fischimporte [keine Beanstandungen im Hinblick auf Histamin- und Schwermetallgehalt].

In Tabelle 2-8-1 ist aufgeführt, welche Warengruppen[19] von aus importierten Fischerzeugnissen aus Indonesien im Jahr 2006 untersucht worden sind. Die Ergebnisse dieser Untersuchungen des Berichtsjahres 2006 stehen im Gegensatz zu den oben genannten Befürchtungen gemäß der Richtlinie 97/78/EG und der Verordnung (EG) Nr. 178/2002, wenn bei insgesamt 465 Proben von Fischerzeugnissen aus Indonesien nur 1 Probe eine Belastung durch Schwermetalle aufwies und bei insgesamt 298 Proben von Fischerzeugnissen aus Indonesien keine auffällig war in Bezug auf ihren Histamingehalt.

[18] Entscheidung der Kommission vom 21. März 2006 über Sondervorschriften für die Einfuhr von zum Verzehr bestimmten Fischereierzeugnissen aus Indonesien (2006/236/EG).

[19] Angaben – ohne Beachtung einer zoologischen Systematik – so wie gemeldet.

3 Bericht über Rückstände von Pflanzenschutzmitteln

3.1

Gesetzliche Grundlagen

Rückstände von Pflanzenschutzmitteln in und auf Lebensmitteln sind grundsätzlich unerwünscht und können für den Verbraucher zu gesundheitlichen Risiken führen. Deshalb werden für die Rückstände gesetzliche Höchstmengen festgelegt, die nicht überschritten werden dürfen. Von der amtlichen Lebensmittelüberwachung der Bundesländer wird überprüft, ob Produzenten, Importeure und Handel die gesetzlichen Höchstmengen einhalten.

Die Mitgliedstaaten der Europäischen Union sind verpflichtet, die Ergebnisse der nationalen Überwachung der Pflanzenschutzmittelrückstände an die Kommission der Europäischen Gemeinschaft zu übermitteln. Diese Mitteilungspflichten und die auf dem Gesamtgebiet der EU geltenden Höchstmengen sind in folgenden Richtlinien des Rates geregelt:

- Richtlinie des Rates 76/895/EWG vom 23. November 1976 über die Festsetzung von Höchstgehalten an Rückständen von Schädlingsbekämpfungsmitteln auf und in Obst und Gemüse.
- Richtlinie des Rates 86/362/EWG vom 24. Juli 1986 über die Festsetzung von Höchstgehalten an Rückständen von Schädlingsbekämpfungsmitteln auf und in Getreide.
- Richtlinie des Rates 86/363/EWG vom 24. Juli 1986 über die Festsetzung von Höchstgehalten an   Rückständen von Schädlingsbekämpfungsmitteln auf und in Lebensmitteln tierischen Ursprungs.
- Richtlinie des Rates 90/642/EWG vom 27. November 1990 über die Festsetzung von Höchstgehalten an Rückständen von Schädlingsbekämpfungsmitteln auf und in bestimmten Erzeugnissen pflanzlichen Ursprungs, einschließlich Obst und Gemüse.

Im Laufe der Jahre wurden diese Basis-Richtlinien durch ca. 80 weitere Richtlinien geändert und ergänzt. Trotzdem wurden damit erst nur für einen Teil (ca. 250) der existierenden (ca. 1150) Wirkstoffe (in Pflanzenschutzmitteln eingesetzte Bestandteile und Verbindungen) EU-weit harmonisierte Höchstmengen festgelegt.

Diese Richtlinien werden durch die „Verordnung (EG) Nr. 396/2005 des Europäischen Parlaments und des Rates vom 23. Februar 2005 über Höchstgehalte an Pestizidrückständen in oder auf Lebens- und Futtermitteln pflanzlichen und tieri-

schen Ursprungs und zur Änderung der Richtlinie 91/414/EWG des Rates" aufgehoben und ersetzt, sobald die Anhänge dieser Verordnung vervollständigt sind (geplant für August 2008). Damit wird die vollständige Harmonisierung der Höchstgehalte von Pflanzenschutzmittelrückständen innerhalb der EU auf einem hohen Verbraucherschutzniveau einheitlich festgesetzt.

Die allgemeinen Regeln für die Durchführung amtlicher Kontrollen werden festgelegt durch Verordnung (EG) Nr. 882/2004 des Europäischen Parlaments und des Rates vom 29. April 2004 über amtliche Kontrollen zur Überprüfung der Einhaltung des Lebensmittel- und Futtermittelrechts sowie der Bestimmungen über Tiergesundheit und Tierschutz.

Die Probenahmeverfahren zur Kontrolle der Einhaltung der zulässigen Höchstwerte für Pestizidrückstände regelt die Richtlinie 2002/63/EG der Kommission vom 11. Juli 2002 zur Festlegung gemeinschaftlicher Probenahmemethoden zur amtlichen Kontrolle von Pestizidrückständen in und auf Erzeugnissen pflanzlichen und tierischen Ursprungs und zur Aufhebung der Richtlinie 79/700/EWG.

Leitlinien zu Qualitätskontrollverfahren für die Analyse von Pestizidrückständen enthält das Dokument SANCO/10232/2006 vom 24. März 2006 „Guidelines concerning Quality Control Procedures for Pesticide Residue Analysis". Es wurde vereinbart, dass diese Leitlinien so weit wie möglich von den Analyselaboratorien der Mitgliedstaaten anzuwenden und einer ständigen Überprüfung anhand der in den Überwachungsprogrammen gewonnenen Erfahrungen zu unterziehen sind.

Das Bundesamt für Verbraucherschutz und Lebensmittelsicherheit (BVL) ist im Rahmen der Nationalen Berichterstattung „Pflanzenschutzmittelrückstände" für die Zusammenstellung, Auswertung und Veröffentlichung der in Deutschland von den Bundesländern erhobenen Ergebnisse zuständig. Mit dieser Berichterstattung werden die Mitteilungspflichten an die Kommission der Europäischen Gemeinschaft gemäß den o. g. Richtlinien des Rates erfüllt.

Dieser Bericht fasst die Ergebnisse von Untersuchungen, die im Jahr 2006 an Lebensmitteln tierischen Ursprungs, frischem und gefrorenem Obst, Gemüse und Getreide durchgeführt wurden, zusammen. Eingeschlossen sind auch die Ergebnisse des auf die Richtlinien 86/362/EWG und 90/642/EWG gestützten koordinierten Kontrollprogramms der Europäischen Gemeinschaft zur Sicherung der Einhaltung der Rückstandshöchstgehalte von Schädlingsbekämpfungsmitteln auf und in Getreide und bestimmten anderen Erzeugnissen pflanzlichen

Ursprungs. Die Lebensmittel und Stoffe, die im Rahmen dieses koordinierten Programms untersucht werden sollten, wurden in der Empfehlung 2006/26/EG der Kommission vom 18. Januar 2006 bekannt gegeben. Die Ergebnisse der koordinierten Überwachungsprogramme sollen die Abschätzung der Pestizidexposition in der Europäischen Union durch Aufnahme über die Nahrung ermöglichen.

Berücksichtigt wurden alle Daten aus dem Beprobungszeitraum vom 01.01.2006 bis 31.12.2006, die von den Untersuchungsanstalten der amtlichen Lebensmittel- und Veterinärüberwachung der 16 Länder an das Bundesamt für Verbraucherschutz und Lebensmittelsicherheit (BVL) übermittelt worden sind. An der Datenübermittlung beteiligten sich 38 Untersuchungsämter. Alle diese Untersuchungsämter sind nach ISO 17025 akkreditiert und weisen ihre Leistungsfähigkeit durch regelmäßige Teilnahme an nationalen und/oder internationalen Ringversuchen nach.

3.2
Datengrundlage

Im Untersuchungsjahr 2006 wurden in der Bundesrepublik Deutschland insgesamt 17.535 Proben von Lebensmitteln auf das Vorkommen von Pestizidrückständen geprüft (Monitoring-Programm: 2.272 Proben; amtliche Lebensmittelüberwachung: 15.263 Proben). Für die Berichterstattung an die Kommission der Europäischen Gemeinschaft werden die Proben in „surveillance sampling" und „follow-up enforcement sampling" geteilt. Als „surveillance"-Proben werden die Plan- und Monitoring-Proben betrachtet. Als „follow-up enforcement sampling"-Proben gelten die Verdachts-, Beschwerde- und Verfolgsproben. Von den 17.535 Proben gehörten nur 594 Proben in die Kategorie „follow-up enforcement sampling".

Die Kommission fasst die Ergebnisse der Einzelberichte aus den Mitgliedstaaten zusammen. Mit den aus Deutschland an die EU übermittelten Ergebnissen zu Pflanzenschutzmittelrückständen wird ein erheblicher Beitrag zu den Berichten der Kommission geleistet. Dies kann durch folgende Zahlen aus dem Bericht der Europäischen Kommission „Monitoring of Pesticide Residues in Products of Plant Origin in the European Union, Norway, Iceland and Liechtenstein 2005" vom 17. Oktober 2007 belegt werden[1]:

- 24,3 % aller in dem Bericht dargestellten Proben wurden in Deutschland untersucht.
- Die Anzahl der Proben (Obst, Gemüse und Getreide) pro 100.000 Einwohner beträgt in Deutschland 17 [EU-Mittelwert: 13,5 (zum Vergleich andere „größere" Mitgliedsstaaten: Frankreich: 7, Großbritannien: 5, Italien: 12, Polen: 3, Spanien: 11)].
- In keinem anderen Mitgliedstaat wurde auf so viele Pestizide untersucht wie in Deutschland (Deutschland: 631 Wirkstoffe, EU-Mittelwert: 184 Wirkstoffe).
- 32,6 % aller Analyseergebnisse (2.491.255 von 7.639.383) des Berichtes für Obst und Gemüse kommen aus Deutschland.

---

[1] Bezugsgröße: In Deutschland leben 18 % (83 Mio.) der Bevölkerung der Europäischen Union von insgesamt 457 Mio.

Tab. 1 Häufigkeitsverteilung der Probenanzahl je Lebensmittel im Berichtsjahr 2006.

Anzahl der Proben	Anzahl der Lebensmittel
>=100	43
30–99	31
10–29	24
1–9	54

- Der Mittelwert der Anzahl der untersuchten Wirkstoffe je Probe liegt für Deutschland bei 172 [EU-Mittelwert: 146, EU-Mittelwert ohne Deutschland: 131].

Die für das Berichtsjahr 2006 übermittelten Daten verteilen sich auf 152 verschiedene Lebensmittel, wobei die Anzahl der Proben je Lebensmittel sehr unterschiedlich ist. Sie lag zwischen einer Probe und 1.484 Proben je Lebensmittel (Tab. 1). Damit sind von 43 verschiedenen Lebensmitteln mehr als 100 Proben untersucht worden.

Am häufigsten untersucht wurden Erdbeeren (1.484 Proben), Paprika (1.030 Proben), Tafeltrauben (1.001 Proben), Äpfel (948 Proben) und Salat (897 Proben). Von den untersuchten Lebensmittel-Proben waren 7.459 deutschen und 9.352 ausländischen Ursprungs. Bei 724 Proben wurde keine Angabe zur Herkunft übermittelt. Bei 479 Proben wurde als Herkunft „unbekanntes Ausland" angegeben. Die Importproben verteilten sich auf 77 Herkunftsstaaten. Die meisten stammen aus Spanien (2.466 Proben), Italien (1.727 Proben), den Niederlanden (897 Proben), Frankreich (555 Proben) und der Türkei (325 Proben).

Über die Hälfte der Proben (55,8 %) wurden im Lebensmitteleinzelhandel genommen. Von herstellenden Betrieben (Landwirtschaft, Obst- und Gemüsebau, verarbeitende Betriebe) stammen 19,0 % der Proben. Bei Großhändlern und Importeuren haben die Kontrolleure 18,7 % gezogen. Bei 6,6 % der Proben wurden keine Angaben zur Betriebsart zugeordnet.

3.3
Höchstmengen

Die Festsetzung von Höchstmengen für Pflanzenschutzmittelrückstände in Lebensmitteln orientiert sich in der Regel an der guten landwirtschaftlichen Praxis. Es handelt sich um die Menge an Pflanzenschutzmittelrückständen, die bei ordnungsgemäßer Anwendung durch den Landwirt auf dem Lebensmittel in der Regel nicht überschritten wird. Vor der Zulassung muss sichergestellt sein, dass bei dieser Konzentration keine Gefährdung der menschlichen Gesundheit vorliegt. Höchstmengen von Pflanzenschutzmittelrückständen stellen somit die Obergrenze der Rückstandsmengen dar, die in Erzeugnissen gefunden werden können, wenn die Erzeuger die Grundsätze der guten landwirtschaftlichen Praxis beachten. Es handelt sich meist nicht um toxikologische Grenzwerte. Eine Überschreitung der Rückstandshöchstmenge ist in der Regel nicht mit

Tab. 2 Gesamtübersicht über die Ergebnisse aus dem Jahr 2006.

Lebensmittelgruppen und EG-Richtlinien	Proben gesamt	Proben ohne Rückstände (nicht bestimmbar)	Proben mit Rückständen bis einschließlich der Höchstmenge	Proben mit Rückständen über der Höchstmenge
Getreide – 86/362/EWG	508	283 (55,7%)	224 (44,1%)	1 (0,2%)
Lebensmittel tierischen Ursprungs – 86/362/EWG	1.823	889 (48,8%)	926 (50,8%)	8 (0,4%)
Erzeugnisse pflanzlichen Ursprungs, einschließlich Obst und Gemüse – 90/642/EWG	14.434	5.124 (35,5%)	8419 (58,3%)	891 (6,2%)
Kleinkindernahrung	176	165 (93,8%)	11 (6,3%)	0 (0%)
Gesamt	**16.941**	**6.461 (38,1%)**	**9.580 (56,5%)**	**900 (5,3%)**

einer direkten Gefährdung der Gesundheit der Verbraucher gleichzusetzen. Trotzdem ist ein Lebensmittel mit Rückständen über der Höchstmenge nicht verkehrsfähig und darf im Handel nicht mehr angeboten werden.

Nach Artikel 50 Abs. 2 der Verordnung (EG) Nr. 178/2002 (der so genannten Basisverordnung) sind Informationen über das Vorhandensein eines ernsten unmittelbaren oder mittelbaren Risikos für die menschliche Gesundheit, das von Lebensmittel ausgeht, über das Europäische Schnellwarnsystem zu melden. Für die Rückstände von Pflanzenschutzmitteln gilt, dass nur wenn der gefundene Rückstandswert über der akuten Referenzdosis liegt und eine Gefährdung des Verbrauchers „nicht ausgeschlossen werden kann", eine Meldung an das Europäische Schnellwarnsystem (RASFF) übermittelt wird. Die akute Referenzdosis (ARfD) definiert diejenige Rückstandsmenge, die über die Nahrung innerhalb eines Tages oder mit einer Mahlzeit aufgenommen werden kann, ohne dass daraus ein Gesundheitsrisiko für den Verbraucher entsteht. Bei Überschreitungen der Höchstmengen schätzt die zuständige Überwachungsbehörde das toxikologische Risiko ab. Im Jahr 2006 wurde aus Deutschland in 14 Fällen eine Meldung wegen Pestizidrückstände an das Schnellwarnsystem übermittelt (aus allen Mitgliedsstaaten der Europäischen Union waren es insgesamt 94 Meldungen)[2].

3.4
Lebensmittelbezogene Betrachtung

Von den untersuchten „surveillance sampling"-Proben enthielten 6461 (38,1%) keine quantifizierbaren Rückstände, in 9580 (56,5%) traten Rückstände mit Gehalten unterhalb der Höchstmengen auf. 900 Proben (5,3%) enthielten Rückstände mit Gehalten über den Höchstmengen.

Die Belastung der „follow-up enforcement sampling"-Proben war erwartungsgemäß höher als die der „surveillance sampling"-Proben, da diese Proben aufgrund konkreter Verdachtsmomente erhoben wurden. Von den untersuchten Proben enthielten 204 (34,3%) keine quantifizierbaren Rückstände, in 342 (57,6%) traten Rückstände mit Gehalten unterhalb der Höchstmengen auf. 48 Proben (8,1%) enthielten Rückstände mit Gehalten über den geltenden Höchstmengen.

Wie bereits im Vorjahr 2005 wurde auch im Berichtsjahr 2006 eine Auswertung von Proben aus dem ökologischen Anbau durchgeführt. Bei den übermittelten Daten waren 1077 Proben als Bio-Proben gekennzeichnet („follow-up"- und „surveillance sampling"-Proben zusammen). Die Belastung dieser Proben war deutlich niedriger als diejenige der Gesamtheit der Proben. Von den untersuchten Proben enthielten 700 (65,0%) keine quantifizierbaren Rückstände, in 371 (34,4%) traten Rückstände mit meistens sehr geringen Gehalten unterhalb der Höchstmengen auf. Nur 6 Proben (0,6%) enthielten Rückstände mit Gehalten über den Höchstmengen.

Bei Betrachtung der oben genannten Zahlen muss berücksichtigt werden, dass sie als Ergebnis der Auswertung von größtenteils risikoorientiert genommenen Proben entstanden sind. Lebensmittel, die in der Vergangenheit auffällig geworden waren, wurden somit häufiger und mit höheren Probenzahlen untersucht als solche, bei denen man aus Erfahrung keine erhöhte Rückstandsbelastung erwartet. Aus diesem Grund darf man aus diesen Zahlen und Ergebnissen nicht auf die Belastung der Gesamtheit der auf dem Markt vorhandenen Lebensmittel schließen.

Die Tabelle 2 enthält die zugrunde liegenden Daten der „surveillance sampling"-Proben, getrennt nach den einzelnen Richtlinien.

Säuglings- und Kleinkindernahrung kann als nahezu rückstandsfrei betrachtet werden. Es wurden zwar in 6% der Proben quantifizierbare Rückstände gefunden, sie waren aber sehr gering. In keiner einzigen Probe wurde eine Höchstmenge überschritten.

Die Rückstandssituation bei Getreide ist ebenfalls positiv zu bewerten. 57% der Proben enthielt keine quantifizierbaren

---

[2] The Rapid Alert System for Food and Feed (RASFF) Annual Report 2006.

Tab. 3 Lebensmittel mit den wenigsten Höchstmengenüberschreitungen im Berichtsjahr 2006.

Lebensmittel	Anzahl der untersuchten Proben	Anteil der Proben mit Rückständen über der Höchstmenge [%]
Chicoree	43	0
Heidelbeere	79	0
Rhabarber	51	0
Rosenkohl	74	0
Wildwachsende Pilze	33	0
Spargel	342	0,3
Kartoffeln, gelagert	543	0,4
Apfel	880	1,0
Zwiebel	96	1,0
Birne	446	1,3
Kartoffeln, früh	80	1,3
Banane	147	1,4
Radieschen, Rettich	73	1,4
Zuchtpilz	145	1,4
Tomate	674	1,6
Kiwi	155	1,9
Fenchel	51	2,0
Karotte/Möhre	338	2,1
Keltertrauben	48	2,1
Kopfkohl	45	2,2
Porree	85	2,4
Zitrone	240	2,5
Spinat	76	2,6

Tab. 4 Lebensmittel mit den meisten Höchstmengenüberschreitungen im Berichtsjahr 2006.

Lebensmittel	Anzahl der untersuchten Proben	Anteil der Proben mit Rückständen über der Höchstmenge [%]
Rucola	295	26,1
Frische Kräuter	184	21,2
Feldsalat	209	13,4
Bohnen mit Hülsen	171	12,3
Zucchini	154	12,3
Aubergine	148	11,5
Johannisbeere (schwarz, rot und weiß)	269	11,5
Kakifrucht	105	11,4
Paprika	970	11,1
Himbeere	141	10,6

Rückstände. Höchstmengenüberschreitung wurde nur in einer Probe festgestellt.

Bei Lebensmitteln tierischen Ursprungs wurden zwar in mehr als der Hälfte der Proben quantifizierbare Rückstände gemessen, sie waren jedoch meistens sehr gering. Gefunden wurden vor allem die persistenten und z. T. ubiquitär nachweisbaren chlororganischen Insektizide wie DDT, HCB und Lindan, die zwar seit langem in Deutschland nicht mehr angewendet werden dürfen, aber immer noch in der Lebensmittelkette vorhanden sind. Die gemessenen Rückstände sind meist auf Altlasten, vor allem in den Böden, zurückzuführen. Gelegentlich werden als Eintragsquelle auch Futtermittel aus Drittstaaten vermutet. Erfreulicherweise waren Höchstmengenüberschreitungen dieser persistenten Stoffe sehr selten – in nur 0,4 % der Proben.

Differenzierter und teilweise ungünstiger ist die Rückstandslage bei Obst und Gemüse zu beurteilen. Neben Lebensmitteln, in denen keine bzw. nur wenige Höchstmengenüberschreitungen vorkamen, gab es auch solche mit zweistelligen prozentualen Anteilen an Proben mit Gehalten über der jeweiligen Höchstmenge. Erfreulicherweise wurden in vielen Produkten, deren Verbrauch besonders hoch ist, selten Höchstmengenüberschreitungen ermittelt. Darunter sind z. B. Äpfel, Birnen, Bananen, Karotten, Kartoffeln und Tomaten. In der Tabelle 3 sind die Lebensmittel zusammengefasst, bei denen in weniger als drei Prozent der Proben Höchstmengenüberschreitungen gemessen wurden (berücksichtigt wurden nur Lebensmittel, bei denen mindestens 30 Proben untersucht wurden).

In einigen Obst- und Gemüsearten wurden Höchstmengenüberschreitungen deutlich häufiger beobachtet. Die 10 Lebensmittel mit den häufigsten Höchstmengenüberschreitungen sind in der Tabelle 4 dargestellt (berücksichtigt wurden Lebensmittel, bei denen mindestens 100 Proben untersucht wurden).

Die in der Tabelle 4 aufgeführten 10 Lebensmittel (2646 Proben) repräsentieren 18,3 % aller untersuchten Obst- und Gemüseproben. Sie wurden sehr oft untersucht, da in diesen Lebensmitteln am häufigsten erhöhte Rückstandsgehalte gefunden wurden. Sie repräsentieren dagegen nicht 18,3 % des Marktanteiles. Somit tragen Proben mit erhöhten Rückstandsgehalten überproportional zum Gesamtergebnis der Untersuchungen bei. Deswegen dürfen die in Tabelle 2 genannten 6,2 % der Proben mit Rückstandsgehalten über der Höchstmenge nicht auf die Gesamtheit der auf dem Markt vorhandenen pflanzlichen Lebensmittel übertragen werden.

Die Rückstandssituation für einzelne Lebensmittel ist oft vom Herkunftsstaat abhängig. So enthielten z. B. nur 2,6 % der Paprikaproben aus den Niederlanden Rückstandsgehalte über der Höchstmenge, der Durchschnitt aller Staaten lag jedoch bei 11,1 %. Bei Tafeltrauben aus Südafrika gab es nur bei 2,0 % der Proben Höchstmengenüberschreitungen; der Durchschnitt aller Staaten lag hier aber bei 8,1 %. Bei Erdbeeren enthielten lediglich 1,1 % der Proben aus Deutschland Rückstandsgehalte über der Höchstmenge, der Durchschnitt aller Proben lag jedoch bei 4,6 %.

Tab. 5 Gesamtübersicht über die untersuchten Wirkstoffe im Berichtsjahr 2006.

Lebensmittelgruppen und EG-Richtlinien	Anzahl der untersuchten Wirkstoffe	Anzahl der Wirkstoffe ohne quantifizierbare Rückstände	Anzahl der Wirkstoffe mit quantifizierbaren Rückständen
Getreide – RL 86/362/EWG	652	623 (95,6%)	29 (4,4%)
Lebensmittel tierischen Ursprungs – RL 86/363/EWG	465	445 (95,7%)	20 (4,3%)
Erzeugnisse pflanzlichen Ursprungs, einschließlich Obst und Gemüse – RL 90/642/EWG	683	370 (54,2%)	313 (45,8%)
Kleinkindernahrung	499	489 (98,0%)	10 (2,0%)

3.5
Untersuchungsergebnisse von importierten Produkten

Bei importiertem Obst und Gemüse wurden die Höchstmengen häufiger als bei in Deutschland produziertem überschritten (Deutschland: 3,9%, andere EU-Staaten: 6,5%, Drittstaaten: 10,0%). Der größere Anteil an Proben mit Höchstmengenüberschreitungen bei importierten Proben resultiert teilweise aus der unterschiedlichen Gesetzeslage der Herkunftsstaaten. In einigen sind die gesetzlichen Höchstmengen bei bestimmten Wirkstoffen höher als in Deutschland. 58% der Überschreitungen bei den Importproben betrafen Höchstmengen, die noch nicht EG-weit harmonisiert sind und in Deutschland oft wegen fehlender Zulassung auf den Vorsorgewert von 0,01 mg/kg festgelegt sind. Würde man an dieser Stelle die in den jeweiligen Herkunftsstaaten geltenden Höchstmengen berücksichtigen, würde sich der Anteil der Proben mit Höchstmengenüberschreitungen dem deutschen Niveau nähern. Mit der Vollendung der Harmonisierung der Höchstmengen durch die Verordnung (EG) Nr. 396/2005 wird eine einheitliche Grundlage für die Bewertung der Rückstandssituation in der Europäischen Gemeinschaft geschaffen werden.

Der Anteil an Proben ohne quantifizierbare Rückstände war bei den Importen kleiner als bei den deutschen Produkten. Eine der Ursachen dafür liegt sicher in den klimatischen Bedingungen in den Herkunftsstaaten, die teilweise einen stärkeren Einsatz von Pestiziden zum Schutz der Pflanzen erfordern.

3.6
Untersuchungsergebnisse mit Bezug auf den jeweiligen Wirkstoff

Zu den untersuchten 17.535 Lebensmittelproben wurden insgesamt 3.446.011 einzelne Analysenergebnisse übermittelt. Die Proben wurden insgesamt auf 717 verschiedene Wirkstoffe untersucht (summengeregelte Wirkstoffe werden hier als *ein* Wirkstoff gezählt), wobei keine Probe auf das gesamte Stoffspektrum untersucht worden ist. Einige Substanzen wurden nur in einzelnen bzw. in wenigen Proben untersucht. Durchschnittlich wurden die Proben auf 197 Wirkstoffe untersucht. Nach 155 Wirkstoffen wurden mehr als 10.000 Proben analy-

Tab. 6 Wirkstoffe mit den häufigsten Höchstmengenüberschreitungen im Berichtsjahr 2006. (* = für diese Wirkstoffe galt eine nationale (deutsche) Höchstmenge (noch nicht EU-weit harmonisiert)).

Wirkstoff	Anzahl der untersuchten Proben	Anzahl der Proben mit Rückständen über der Höchstmenge
Acetamiprid*	11.252	59
Dimethoat, Summe	14.562	50
Carbendazim, Summe	11.774	47
Acrinathrin*	13.059	39
Lufenuron*	9.295	39
Imidacloprid*	11.623	37
DTC, berechnet als CS2	2.098	35
Bromid, Gesamt*	935	33
Propamocarb*	10.432	31
Oxydemeton-S-methyl, Summe	13.689	26

siert, nach 206 Wirkstoffen weniger als 1000 Proben. Für 356 Wirkstoffe lag die Anzahl der Proben, in denen sie untersucht wurden, zwischen 1000 und 10.000. Bei 394 Wirkstoffen (55%) wurden keine quantifizierbaren Gehalte gefunden. 323 Wirkstoffe (45%) wurden in mindestens einer Probe quantifiziert. Bei 158 Wirkstoffen (22%) traten Gehalte oberhalb der Höchstmengen auf. Tabelle 5 fasst diese Angaben getrennt nach den einzelnen Richtlinien zusammen.

Es sei darauf hingewiesen, dass bei Betrachtung der Höchstmengenüberschreitungen entsprechend der Vorgaben der Europäischen Kommission für die Berichterstattung nur die numerischen Messwerte ohne Berücksichtigung der analytischen Streubreiten (Messunsicherheiten) herangezogen wurden. Die gemessenen Rückstände wurden mit den Höchstmengen aus der Rückstands-Höchstmengenverordnung (RHmV) verglichen. Bei den in Frage kommenden Lebensmittel/Wirkstoffkombinationen wurden die Höchstmengen aus den Allgemeinverfügungen nach § 54 Lebensmittel- und Futtermittelgesetzbuch berücksichtigt. Bevor eine Beanstandung von Proben erfolgen kann, sind seitens der Lebensmittelüberwachung die

Tab. 7 Lebensmittel mit den meisten Mehrfachrückständen im Berichtsjahr 2006.

Lebensmittel	Anzahl der Proben	Proben mit Mehrfachrück-ständen in %	Max. Anzahl der Rückstände
Johannisbeere	269	75,5	14
Stachelbeere	104	73,1	11
Erdbeere	1443	72,8	13
Mandarine	275	72,7	12
Himbeere	141	66,7	9
Tafeltraube	963	66,6	21
Feldsalat	209	61,7	9
Orange	192	60,4	14
Salat	855	58,9	18
Rucola	295	56,3	13

analytischen Messunsicherheiten zu berücksichtigen, da sie im Falle eines Gerichtsverfahrens ansonsten keinen Bestand hätten. Eine Beanstandung erfolgt deshalb in der Regel erst, wenn nach dem Abzug einer Schwankungsbreite von 50 % der Wert noch immer über der Höchstmenge liegt.

Insgesamt wurden 1135 Höchstmengenüberschreitungen festgestellt. Nach Berücksichtigung einer Messunsicherheit von 50 % wären nur 595 der Überschreitungen zu beanstanden (bei 47,6 % der Höchstmengenüberschreitungen lag der Rückstandsgehalt nach Abzug des Streubereiches unter der Höchstmenge). Die Wirkstoffe mit den häufigsten Höchstmengenüberschreitungen sind in Tabelle 6 zusammengefasst.

Diese zehn aufgeführten Wirkstoffe waren für 34,9 % (396 von 1135) aller Höchstmengenüberschreitungen verantwortlich. Bei Wirkstoffen, für die eine noch nicht in der EU harmonisierte, nationale Höchstmenge galt, waren die Höchstmengen in den Herkunftsstaaten der Proben in der Regel höher als in Deutschland. Würde man an dieser Stelle die in den jeweiligen Herkunftsstaaten geltenden Höchstmengen berücksichtigen, würde ein Großteil der Höchstmengenüberschreitungen für diese Wirkstoffe entfallen.

3.7
Auftreten von Mehrfachrückständen

In 7298 Proben (41,6 %) des Jahres 2006 wurde mehr als ein Wirkstoffrückstand in quantifizierbarer Menge gefunden. Als mögliche Quellen der Mehrfachrückstände können folgende Gründe genannt werden:

– Zusammensetzung einer Probe aus Bestandteilen unterschiedlicher Partien,
– Anwendung von Kombinationspräparaten mit mehreren Wirkstoffen,
– Anwendung unterschiedlicher Wirkstoffe während der Wachstumsphase für die Bekämpfung verschiedener Schadorganismen,

– gezielter Wirkstoffwechsel, um der Entwicklung von Resistenzen bei Schaderregern entgegen zu wirken,
– Anwendungen auch während der Lagerung und/oder beim Transport.

Ebenfalls ist es möglich, dass die gute landwirtschaftliche Praxis bei der Anwendung von Pflanzenschutzmitteln nicht ausreichend angewendet wurde. Werden in einer Probe mehrere Pflanzenschutzmittel mit dem gleichen Wirkungsmechanismus gefunden, so liegt der Verdacht nahe, dass von einigen Produzenten unterschiedliche Substanzen verwendet werden, um die Höchstmengen für einzelne Pflanzenschutzmittel zu umgehen.

Auch bei den Mehrfachrückständen gab es Unterschiede zwischen den einzelnen Obst- oder Gemüsearten. Die zehn Produkte mit den meisten Mehrfachrückständen („surveillance sampling"-Proben) sind in der Tabelle 7 zusammengefasst (berücksichtigt wurden Lebensmittel, bei denen mindestens 100 Proben untersucht wurden).

Vier der in der Tabelle 7 aufgeführten Lebensmittel waren auch unter den „Top 10" bei den Höchstmengenüberschreitungen: Johannisbeere, Feldsalat, Himbeere und Rucola.

Für die toxikologische Bewertung von Mehrfachrückständen sind noch keine allgemein anerkannten Methoden vorhanden. Derartige Methoden werden aber zurzeit entwickelt. Bei Stoffen, die einen einheitlichen Wirkungsmechanismus haben und additiv wirken, soll eine gemeinsame Bewertung durchgeführt werden. Bei einigen wenigen Wirkstoffgruppen sind bereits Summenhöchstwerte festgelegt worden. Bei Stoffen mit unterschiedlichen Wirkungsmechanismen sollen potentielle Wechselwirkungen analysiert werden. Eine detaillierte Prüfung wird aber schwierig sein, weil die gefundenen Mehrfachrückstände aufgrund der Vielzahl eingesetzter Wirkstoffe sehr unterschiedliche Zusammensetzungen haben.

Das Thema „Mehrfachrückstände" wurde umfangreich im November 2005 auf dem „Zweiten Forum Verbraucherschutz" im Bundesinstitut für Risikobewertung (BfR) diskutiert. Alle Beiträge dieses Forums sind auf dessen Homepage (http://www.bfr.bund.de/cd/7078) veröffentlicht worden.

3.8
Hinweis auf weitere Information

Unter der Internet-Adresse http://www.bvl.bund.de befindet sich auf der Homepage des BVL eine detaillierte Darstellung der Ergebnisse der Nationalen Berichterstattung Pflanzenschutzmittelrückstände: Lebensmittel ⇒ Sicherheit und Kontrollen ⇒ Nationale Berichterstattung Pflanzenschutzmittelrückstände. Die Berichte der Kommission der Europäischen Gemeinschaft „Annual EU-wide Pesticide Residues Monitoring Report" sind unter folgender Adresse zu finden: http://ec.europa.eu/food/fvo/specialreports/pesticides_index_en.htm

BVL-Reporte, Band 2, Heft 1

Berichte zur Lebensmittelsicherheit 2006

Lebensmittel-Monitoring

BIRKHÄUSER

BVL-Reporte sind Publikationen des Bundesamtes für Verbraucherschutz und Lebensmittelsicherheit

Bundesamt für Verbraucherschutz und Lebensmittelsicherheit

Managing Editor
Peter Brandt
Bundesamt für Verbraucherschutz und Lebensmittelsicherheit
Mauerstraße 39-42
D-10117 Berlin
Germany
Tel. +49-1888-444-10311
Fax +49-1888-444-89999
Peter.Brandt@bvl.bund.de

2007. 72 S. Brosch.
Format: 21 x 27.7 cm
BVL-Reporte, Band 2, Heft 1
EUR (D) 25.00 / EUR (A) 25.70 /
CHF* 40.00
ISBN 978-3-7643-8702-0
ISSN 1662-131X

* unverbindliche Preisempfehlung

Das Lebensmittelmonitoring ist ein gemeinsam von Bund und Ländern durchgeführtes Untersuchungsprogramm, das die amtliche Lebensmittelüberwachung der Bundesländer ergänzt. Während die Lebensmittelüberwachung vor allem durch verdachts- und risikoorientierte Untersuchungen die Einhaltung lebensmittelrechtlicher Vorschriften kontrolliert, ist das Lebensmittelmonitoring ein System wiederholter repräsentativer Messungen und Bewertungen von Gehalten an unerwünschten Stoffen wie Pflanzenschutzmitteln, Schwermetallen und anderen Kontaminanten in und auf Lebensmitteln. Mit Hilfe des Lebensmittelmonitorings können mögliche gesundheitliche Risiken für die Verbraucher erkannt und abgestellt werden.

Inhalt
Zusammenfassung/Summary.
Zielsetzung und Organisation.
Monitoringplan 2006.
Probenzahlen und Herkunft.
Ergebnisse des Warenkorb-Monitorings.
Ergebnisse des Projekt-Monitorings.
Übersicht der bisher im Monitoring untersuchten Lebensmittel.
Erläuterungen zu den Fachbegriffen.
Adressen der für das Monitoring zuständigen Ministerien und federführende Bundesbehörde.
Übersicht der für das Monitoring zuständigen Untersuchungseinrichtungen der Länder.

www.birkhauser.ch

BVL-Reporte, Band 2, Heft 2

Berichte zur Lebensmittelsicherheit 2006

Bericht zu Futtermittelkontrolle; Nationaler Rückstandskontrollplan für Lebensmittel tierischen Ursprungs; Bericht zum Schnellwarnsystem; Inspektionsbericht

BIRKHÄUSER

BVL-Reporte sind Publikationen des Bundesamtes für Verbraucherschutz und Lebensmittelsicherheit

Bundesamt für Verbraucherschutz und Lebensmittelsicherheit

Managing Editor

Peter Brandt
Bundesamt für Verbraucherschutz und Lebensmittelsicherheit
Mauerstraße 39-42
D-10117 Berlin
Germany
Tel. +49-1888-444-10311
Fax +49-1888-444-89999
Peter.Brandt@bvl.bund.de

2007. 66 S. Brosch.
Format: 21 x 27.7 cm
BVL-Reporte, Band 2, Heft 2
EUR (D) 25.00 / EUR (A) 25.70 / CHF* 40.00
ISBN 978-3-7643-8700-6
ISSN 1662-131X

* unverbindliche Preisempfehlung

Dieses Heft umfasst folgende vier Berichte:

1. Bericht zur Futtermittelkontrolle: Die Futtermittelkontrolle stellt die Unbedenklichkeit tierischer Lebensmittel für die menschliche Gesundheit sicher, schützt die Tiergesundheit, verhindert die Gefährdung des Naturhaushaltes und erhält und verbessert die Leistungsfähigkeit der Tiere.

2. Nationaler Rückstandskontrollplan (NRKP) für Lebensmittel tierischen Ursprungs: Der NRKP ist ein Programm zur EU-weiten Überwachung von Lebensmitteln tierischer Herkunft hinsichtlich Rückständen gesundheitlich unerwünschter Stoffe.

3. Bericht zum Schnellwarnsystem: Das Schnellwarnsystem dient dem raschen und effizienten behördeninternen Informationsaustausch zwischen allen EU-Mitgliedsstaaten in den Bereichen Produkt- und Lebensmittelsicherheit.

4. Inspektionsbericht des Lebensmittel- und Veterinäramtes (FVO) hinsichtlich Einhaltung der EU-Rechtsvorschriften in den Bereichen Lebensmittel- und Futtermittelsicherheit und -qualität, Pflanzen- und Tiergesundheit und Tierschutz.

www.birkhauser.ch

Printed in the United States
By Bookmasters